まず **算数** から
はじめる
公立一貫校対策

教科書のまとめと適性検査問題

公立中高一貫校の適性検査って，どうやって準備したらいいのかな？

小学校の学習とどんなふうにつながってるのかな？

みくに出版

おうちの方へ　公立中高一貫校対策のヒントとこの本の特色

論理的なチカラを求める公立中高一貫校

　公立中高一貫校の選抜では，おもに教科の壁を越えた適性検査が行われます。適性検査の特徴は作文・資料読み取り・教科横断型といわれがちですが，どの公立中高一貫校の適性検査でも必ず出題されているのが算数の力を使う問題です。中でも論理的な思考力や表現力を必要とする分野の問題は，これからもますます重視される傾向にあるといえます。

ハードルが高い適性検査〜過去問をやる前に

　さて実際の適性検査では，教科書の範囲こそ逸脱していないものの，難度の高い問題が多数出題されます。合格者のアンケートなどで，やはり私立中高一貫校併願者や通塾生が有利という結果が見られることからも，しっかりした受検指導が効果的のようです。

　進学塾では，中高一貫校進学に必要な学力から逆算したプログラムで，思考力や運用力を養成していきます。家庭学習にもこのノウハウを生かし，小学校の学習（教科書）を適性検査の視点でとらえ，問題集として構成したのが本書です。

「6つのプロセス」という視点

　「中学受験　公立一貫校プログラム」を展開している「日能研プラネット ユリウス」では，考えるプロセスを，次のように分析し構造化しています。

Ⓐ **条件を整理する**
　➡与えられた情報から，条件や必要なことがらを整理する

Ⓑ **視点を変える**
　➡立場や視点を変えて考えたり，具体化・抽象化して考えたりする

Ⓒ **因果関係をつかむ**
　➡現象やデータの因果関係を類推したり，根拠や理由を言語化したりする

Ⓓ **調べる・比べる**
　➡資料の関連や特徴を読み取る。また，共通点や相違点，変化をとらえる

Ⓔ **数を操作する**
　➡ルールに従って数を操作し，必要な数値を求める

Ⓕ **自分でつくり出す・決定する**
　➡自分の経験や意見をもとに，新たな提案や創作を行う

　さまざまな要素を含む適性検査の問題に対応するには，設問の内容に応じて，6つのうちの1つ，またはいくつかを組み合わせて使いながら考え進める方法が効果的です。本書でも，この6つのプロセスに基づいて学習を展開しており，次のステップ（過去問）につなげる工夫をしています。

この本の組み立てと使い方

この本は全7回まであり，各回は次の4つの部分に分かれています。

AからCまではひととおりやってみましょう。Dはチャレンジの気持ちで取り組みましょう。

A 教科書のまとめ・教科書の内容が使えるか確かめよう

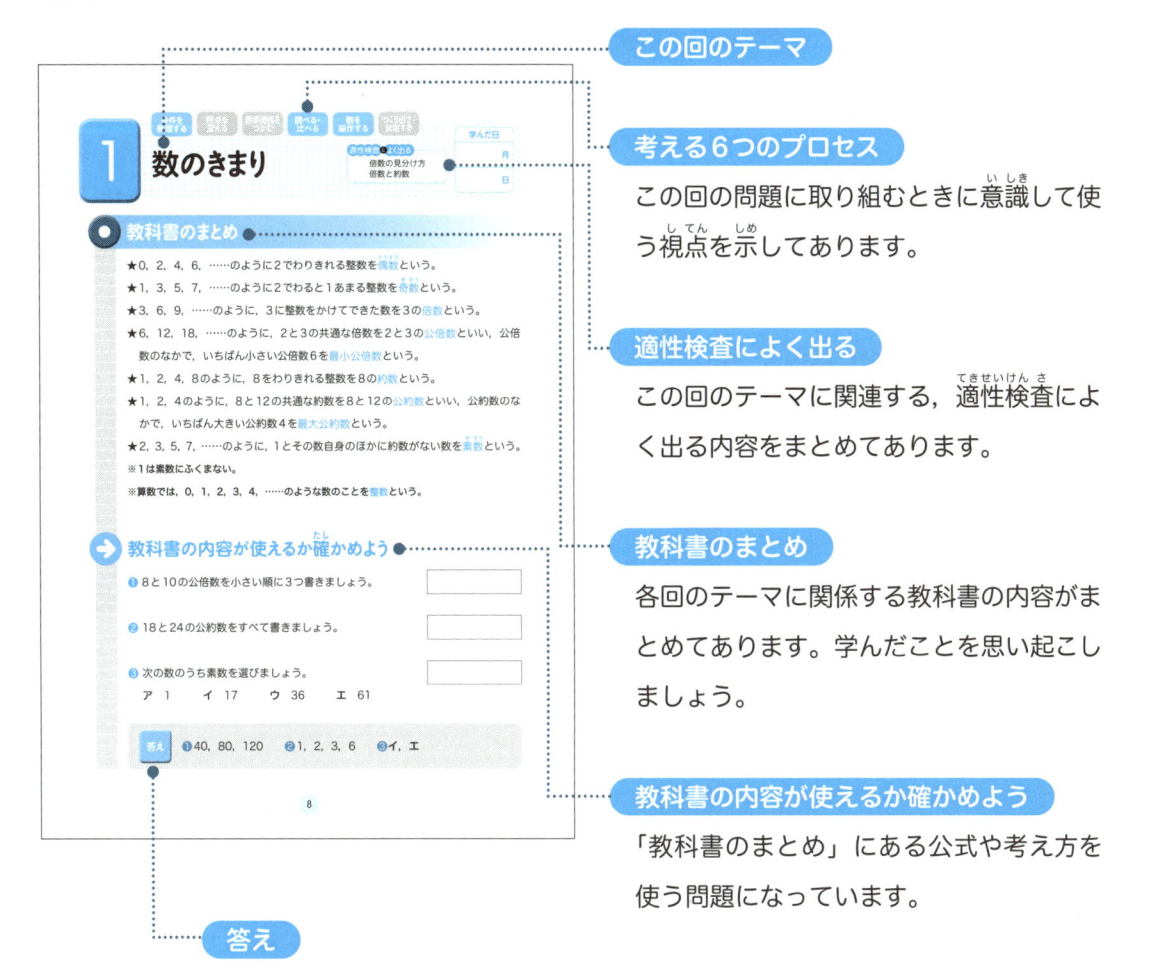

この回のテーマ

考える6つのプロセス

この回の問題に取り組むときに意識して使う視点を示してあります。

適性検査によく出る

この回のテーマに関連する，適性検査によく出る内容をまとめてあります。

教科書のまとめ

各回のテーマに関係する教科書の内容がまとめてあります。学んだことを思い起こしましょう。

教科書の内容が使えるか確かめよう

「教科書のまとめ」にある公式や考え方を使う問題になっています。

答え

「教科書の内容が使えるか確かめよう」の答えを示してあります。

B 先生といっしょに取り組もう

ここでは，3人で話し合いながらいろいろな問題に挑戦していきます。

「考えるプロセス」につながる部分を太字にしてあります。

先生・こうた・ゆりの会話の中に登場する情報や推論をヒントに，□や〔　〕にあてはまる数字や言葉を考えましょう。

解答らん

□ には数字を入れましょう。

〔　〕には言葉を入れましょう。

ポイント

この回のたいせつなことがらを示してあります。

答え

「答え」はこのコーナーの最後についています。自分の答えと比べてみましょう。

C やってみよう

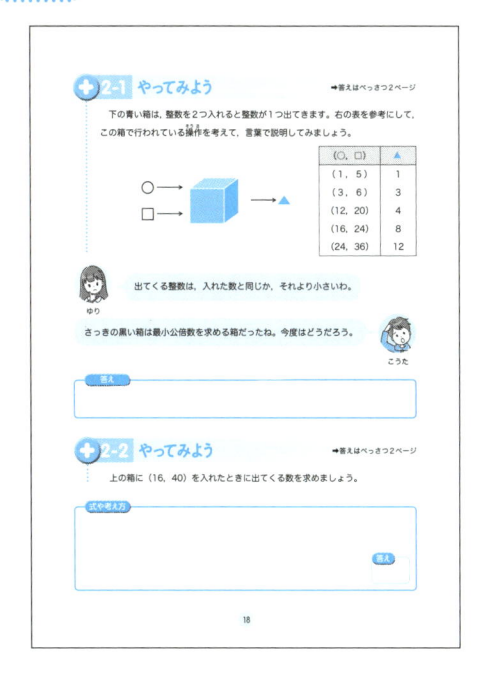

ここは,「先生といっしょに取り組もう」で学んだ考え方を使って解く問題になっています。

3人の会話がヒントになる問題と自分の力だけで解く問題があります。

答えだけでなく式や考え方も書きましょう。わからないときは「先生といっしょに取り組もう」にもどってみましょう。

答え

「べっさつ」にのっています。

D 適性検査を体験しよう

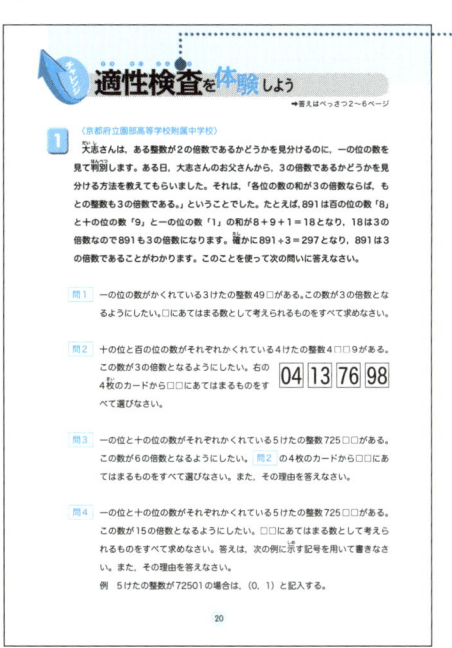

過去の公立中高一貫校の適性検査やよく似た私立中高一貫校の入試問題が体験できるページです。実際にはどんな形で出題されているのか,確かめることができます。

学んだことをふり返りながらやってみましょう。

答えと解説

「べっさつ」にのっています。

もくじ

まず算数からはじめる公立一貫校対策

▶公立中高一貫校対策のヒントとこの本の特色 ……… 2
▶この本の組み立てと使い方 …………………… 3

1 数のきまり

教科書のまとめ/教科書の内容が使えるか確かめよう……8
❶先生といっしょに取り組もう…………………………9
　1-1 やってみよう…………………………………13
❷先生といっしょに取り組もう…………………………14
　2-1 やってみよう…………………………………18
　2-2 やってみよう…………………………………18
［コラム］連除法（はしご算）を用いた
　　　　最大公約数,最大公倍数の求め方…………19
●適性検査を体験しよう……………………………20

2 割合

教科書のまとめ/教科書の内容が使えるか確かめよう……24
❶先生といっしょに取り組もう…………………………25
　1-1 やってみよう…………………………………28
　1-2 やってみよう…………………………………30
❷先生といっしょに取り組もう…………………………31
　2-1 やってみよう…………………………………36
　2-2 やってみよう…………………………………38
●適性検査を体験しよう……………………………40

3 数の並び方

教科書のまとめ/教科書の内容が使えるか確かめよう……42
❶先生といっしょに取り組もう…………………………43
　1-1 やってみよう…………………………………47
　1-2 やってみよう…………………………………48
❷先生といっしょに取り組もう…………………………49
　2-1 やってみよう…………………………………51
　2-2 やってみよう…………………………………52
❸先生といっしょに取り組もう…………………………53
　3-1 やってみよう…………………………………55
　3-2 やってみよう…………………………………57
●適性検査を体験しよう……………………………58

4 平面図形

教科書のまとめ/教科書の内容が使えるか確かめよう‥‥60
❶先生といっしょに取り組もう‥‥‥‥‥‥‥‥‥‥61
　1-1 やってみよう‥‥‥‥‥‥‥‥‥‥‥‥‥‥‥63
　1-2 やってみよう‥‥‥‥‥‥‥‥‥‥‥‥‥‥‥68
❷先生といっしょに取り組もう‥‥‥‥‥‥‥‥‥‥69
　2-1 やってみよう‥‥‥‥‥‥‥‥‥‥‥‥‥‥‥72
●適性検査を体験しよう‥‥‥‥‥‥‥‥‥‥‥‥‥74

5 速さ

教科書のまとめ/教科書の内容が使えるか確かめよう‥‥78
❶先生といっしょに取り組もう‥‥‥‥‥‥‥‥‥‥79
　1-1 やってみよう‥‥‥‥‥‥‥‥‥‥‥‥‥‥‥83
❷先生といっしょに取り組もう‥‥‥‥‥‥‥‥‥‥84
　2-1 やってみよう‥‥‥‥‥‥‥‥‥‥‥‥‥‥‥89
●適性検査を体験しよう‥‥‥‥‥‥‥‥‥‥‥‥‥92

6 立体図形

教科書のまとめ/教科書の内容が使えるか確かめよう‥‥94
❶先生といっしょに取り組もう‥‥‥‥‥‥‥‥‥‥95
　1-1 やってみよう‥‥‥‥‥‥‥‥‥‥‥‥‥‥ 101
❷先生といっしょに取り組もう‥‥‥‥‥‥‥‥‥ 102
　2-1 やってみよう‥‥‥‥‥‥‥‥‥‥‥‥‥‥ 105
●適性検査を体験しよう‥‥‥‥‥‥‥‥‥‥‥‥ 106

7 場合の数

教科書のまとめ/教科書の内容が使えるか確かめよう‥ 112
❶先生といっしょに取り組もう‥‥‥‥‥‥‥‥‥ 113
　1-1 やってみよう‥‥‥‥‥‥‥‥‥‥‥‥‥‥ 115
　1-2 やってみよう‥‥‥‥‥‥‥‥‥‥‥‥‥‥ 118
❷先生といっしょに取り組もう‥‥‥‥‥‥‥‥‥ 119
　2-1 やってみよう‥‥‥‥‥‥‥‥‥‥‥‥‥‥ 121
　2-2 やってみよう‥‥‥‥‥‥‥‥‥‥‥‥‥‥ 123
●適性検査を体験しよう‥‥‥‥‥‥‥‥‥‥‥‥ 124

べっさつ　答えと解説

1 数のきまり

条件を整理する | 視点を変える | 因果関係をつかむ | 調べる・比べる | 数を操作する | つくり出す・決定する

適性検査によく出る
倍数の見分け方
倍数と約数

学んだ日　月　日

教科書のまとめ

★ 0, 2, 4, 6, ……のように2でわりきれる整数を偶数（ぐうすう）という。

★ 1, 3, 5, 7, ……のように2でわると1あまる整数を奇数（きすう）という。

★ 3, 6, 9, ……のように, 3に整数をかけてできた数を3の倍数という。

★ 6, 12, 18, ……のように, 2と3の共通な倍数を2と3の公倍数といい, 公倍数のなかで, いちばん小さい公倍数6を最小公倍数という。

★ 1, 2, 4, 8のように, 8をわりきれる整数を8の約数という。

★ 1, 2, 4のように, 8と12の共通な約数を8と12の公約数といい, 公約数のなかで, いちばん大きい公約数4を最大公約数という。

★ 2, 3, 5, 7, ……のように, 1とその数自身のほかに約数がない数を素数（そすう）という。

※ 1は素数にふくまない。

※ 算数では, 0, 1, 2, 3, 4, ……のような数のことを整数という。

教科書の内容が使えるか確（たし）かめよう

❶ 8と10の公倍数を小さい順に3つ書きましょう。

❷ 18と24の公約数をすべて書きましょう。

❸ 次の数のうち素数を選びましょう。
　ア 1　　イ 17　　ウ 36　　エ 61

答え　❶ 40, 80, 120　❷ 1, 2, 3, 6　❸ イ, エ

1回　数のきまり

1　先生といっしょに取り組もう

　　こうたさん，ゆりさん，先生の3人が，倍数の見分け方について教室で話をしています。

先生： みなさんは，2の倍数や5の倍数の見分け方を知っていますか。

ゆり： はい。知っています。一の位の数字が偶数だったら，その数は2の倍数になります。

こうた： 0，2，4，6，8は偶数だから，たとえば234は，一の位の数字が4なので2の倍数になるということだよね。

先生： そうですね。では5の倍数はどうやって見分ければよいのでしょう。

こうた： 一の位の数字を見てそれが0か5になっていれば，その数は5の倍数とわかります。たとえば345は5の倍数です。

ゆり： 私は9の倍数の見分け方も知っているわ。それぞれの位の数をたし，その結果が9の倍数になっていれば，その数は9の倍数になるのよね。

こうた： ということはたとえば，567は5＋6＋7＝18となって，18は9の倍数だから，567も9の倍数になるということだね。

そのとおり。では，なぜ9の倍数は，ゆりさんが言うようになるのか考えてみましょう。567は**次のように書きかえる**ことができますね。

$$
\begin{aligned}
567 &= 5 \times 100 + 6 \times 10 + 7 \\
&= 5 \times 99 + 5 + 6 \times 9 + 6 + 7 \\
&= \underline{5 \times 99 + 6 \times 9} + \underline{5 + 6 + 7}
\end{aligned}
$$

5が100個分というのを99個と1個に分けていて，6が10個分というのを9個と1個に分けているね。これで何がわかるのかな。

こうた

わかったわ！　最後の式の$\underline{5 \times 99 + 6 \times 9}$という部分は9の倍数だわ。それから残りの$\underline{5+6+7}$という部分は「18」，これも9の倍数なので，567は9の倍数とわかるんだわ。

ゆり

9の倍数と9の倍数の和は9の倍数です。$\underline{5 \times 99 + 6 \times 9}$の部分は9の倍数になっているので，残りの$\underline{5+6+7}$という各位の数字の和が9の倍数になればよいとわかりますね。
では，3の倍数についても考えてみましょう。

問題　1248は3の倍数です。わり算をせずに1248が3の倍数になる理由を説明しましょう。

さっきと同じように，まずは**位ごとにかけ算とたし算の式に書きかえて**みるのね。

ゆり

こうた: 1248＝1×❶□　　　+2×❷□　　　+4×❸□　　　+8だね。

ゆり: このあともさっきと同じように考えてみるわ。
1248＝1×❹□　　　+1+2×❺□　　　+2+4×❻□　　　+4+8
　　　＝1×❹□　　　+2×❺□　　　+4×❻□　　　+1+2+4+8

こうた: 下線部は9の倍数で……，わかった！　9＝❼□×❼□だから，9の倍数は必ず❼□の倍数になるんですね。

よく気づいたわね！

こうた: つまり，下線部は❼□の倍数，あとは1+2+4+8の部分が「15」というように3の倍数になっていることもわかりました。

ゆり: これをまとめると，1248は
（❽　　　　　　　　　　　　　　　　　　　　　　　　　　　）
なので3の倍数であるといえます。

正解よ。では次のページの数の中から3の倍数を見つけて記号で答えましょう。

| ア 777 | イ 1295 | ウ 3484 | エ 818181 | オ 1111111 |

> もうわり算をしなくてもわかります。それぞれの各位の数字の和に着目すればいいのね。
>
> ゆり

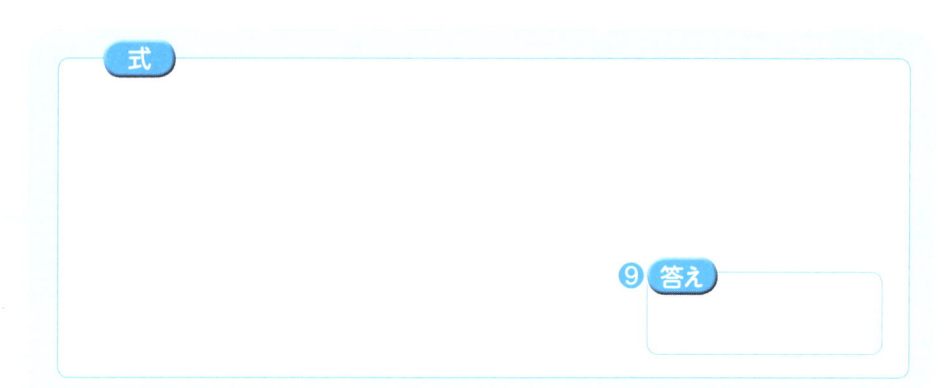

式

⑨ **答え**

こうた

> さらに〔 ⑩ 〕は9の倍数であることもわかりました。
>
> ゆり

ポイント

倍数の見分け方

2の倍数は一の位の数字が偶数である。

5の倍数は一の位の数字が0または5である。

3の倍数は各位の数字の和が3の倍数である。

9の倍数は各位の数字の和が9の倍数である。

答え

❶ 1000　❷ 100　❸ 10　❹ 999　❺ 99　❻ 9　❼ 3
❽ 各位の数字の和が3の倍数　❾ ア，エ　❿ エ

1回 数のきまり

➕ 1-1 やってみよう

→答えはべっさつ2ページ

次の**ア〜コ**の数を分類しましょう。2の倍数は◎，3の倍数は□，9の倍数は△，どれにもあてはまらない場合は×と答えましょう。

| ア 2405 | イ 758 | ウ 9516 | エ 345 | オ 7776 |
| カ 451 | キ 682 | ク 8361 | ケ 469 | コ 123456 |

ゆり：何の倍数かによって見分け方が異なっていたわよね。

こうた：3の倍数と9の倍数は一気に見つけられそうだ！

式と答え

2 先生といっしょに取り組もう

問題 下の黒い箱は整数を2つ入れると，整数が1つ出てきます。右の表の入れた数と出てきた数を参考にして，この箱で行われている操作を考えてみましょう。

(〇, □)	▲
(2, 3)	6
(3, 4)	12
(4, 6)	12
(6, 15)	30
(10, 12)	60

こうた: 簡単だよ！ 2と3を入れると6が出てくるんだから，操作は「〇×□=▲」だよ。

ゆり: ちょっと待って。それがあてはまるのははじめの2つだけだわ。もし「〇×□=▲」なら4と6を入れたときは24になるはずなのに12になっているわ。

先生: そうですね，すべての場合にあてはまる操作でなくてはなりませんよ。「倍数」をヒントに，**あたえられた情報を整理してみましょう。**

こうた: 倍数か…。もしかして，▲が倍数なのかな。

1回 数のきまり

ゆり: …わかった！ 入れた数が2つで，ヒントは倍数だから，出てくる数は入れた2つの数の公倍数になっているのよ！

こうた: 本当だ！ しかも最小公倍数だ！

では，この箱を使って次の問題を考えてみましょう。

問題 （12，16）を入れたときに出てくる数を求めましょう。

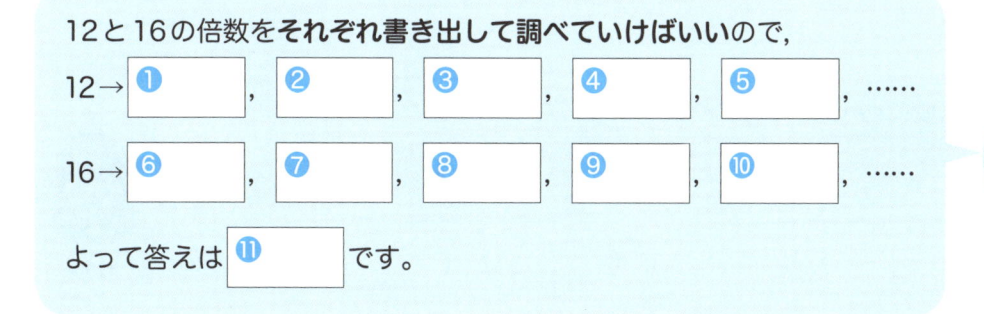

12と16の倍数を**それぞれ書き出して調べていけばいいので，**

12→ ❶ ， ❷ ， ❸ ， ❹ ， ❺ ，……

16→ ❻ ， ❼ ， ❽ ， ❾ ， ❿ ，……

よって答えは ⓫ です。

ゆり

その通り。最小公倍数はさまざまな方法で求めることができますよ。19ページも参考にしてみてくださいね。さあ，次の問題です。

問題 先ほどの箱に，1以外の公約数を持たないある2つの数を入れたところ，「30」が出てきました。ある2つの数としてふさわしい数を（○，□）の形ですべて求めましょう。

15

30は○の倍数であり，同時に□の倍数でもあるということなので，○と□を求めるには30の⑫〔　　　　　〕を考えればいいということですね！

答えは1つじゃないね。
30の約数は小さい方から⑬　　　　　　　　　　　　　なので，
答えは⑭(　,　),(　,　),(　,　),(　,　) になります。あ，かけ算の形で見つければ早かったんだ。

そうですね。この問題ではなぜ○×□＝30が成り立ったのでしょうね。では出てきた数が「24」だった場合，入れた2つの数としてふさわしい数を（○，□）の形ですべて求めてみましょう。

24を2つの数のかけ算で表すと次のようになります。
24＝⑮　　×　　＝　　×　　＝　　×　　＝　　×
答えは⑯(　,　),(　,　),(　,　),(　,　) です。

ちょっと待って。何だか変じゃない？　今の答えのうち，⑰(　,　)と⑱(　,　)は最小公倍数が24にならないよ。

よく気づきましたね！⑰(　,　)と⑱(　,　)の最小公倍数はどちらも⑲　　　　でした。○と□の組み合わせは，かけて「24」になる2つの数のうち，1以外の公約数を持たないものでなくてはならないんです。

1回 数のきまり

なるほど！ 先ほどの問題では，かけて「30」になる2つの数の組がすべて，1以外の公約数を持たなかったからうまくいったんですね。

ゆり

では，出てきた数が「36」の場合に入れた，1以外の公約数を持たない2つの数を（○，□）の形ですべて求めてみましょう。

❷⓪ 式

❷⓪ 答え
（　，　），（　，　）

こうた

よくできました。このように，約数と倍数はたがいに関係があるんですね。他にも最小公倍数が30や24，36になる組み合わせがありますよ。条件を変えて考えてみてくださいね。

ポイント

2つの整数AとBの最大公約数が1のとき，AとBの関係を「たがいに素である」といいます。

答え

❶ 12　❷ 24　❸ 36　❹ 48　❺ 60　❻ 16　❼ 32　❽ 48
❾ 64　❿ 80　⓫ 48　⓬ 約数　⓭ 1, 2, 3, 5, 6, 10, 15, 30
⓮ (1, 30), (2, 15), (3, 10), (5, 6)　⓯ 1×24＝2×12＝3×8＝4×6
⓰ (1, 24), (2, 12), (3, 8), (4, 6)　⓱ (2, 12)　⓲ (4, 6)　⓳ 12
⓴ (1, 36), (4, 9)

2-1 やってみよう

➡答えはべっさつ2ページ

下の青い箱は，整数を2つ入れると整数が1つ出てきます。右の表を参考にして，この箱で行われている操作を考えて，言葉で説明してみましょう。

(○, □)	▲
(1, 5)	1
(3, 6)	3
(12, 20)	4
(16, 24)	8
(24, 36)	12

ゆり：出てくる整数は，入れた数と同じか，それより小さいわ。

こうた：さっきの黒い箱は最小公倍数を求める箱だったね。今度はどうだろう。

答え

2-2 やってみよう

➡答えはべっさつ2ページ

上の箱に（16, 40）を入れたときに出てくる数を求めましょう。

式や考え方

答え

1回　数のきまり

● 連除法（はしご算）を用いた最大公約数，最小公倍数の求め方

たとえば，24と36の最大公約数，最小公倍数を求めてみましょう。
まずはわり算の筆算を逆さにしたようなものを書きます。（図1）
これが連除法，またははしご算といわれる計算の基本の形です。
そして24と36の両方をわれる素数でわっていきます。（図2）
わる数を左側に，商を下に書いていきましょう。

```
    ) 24 , 36
      図1

2 ) 24 , 36
2 ) 12 , 18
3 )  6 ,  9
     2 ,  3
      図2
```

　このとき，たてに並んだ3つの数（2，2，3）の積の12が最大公約数になります。

　最大公約数は24と36の両方をわることのできる数のうち，最大の数のことでした。2で2回，3で1回われることから，たてに並んだ数の積が最大公約数になることがわかりますね。

　では次に最小公倍数を求めてみましょう。最小公倍数はたてに並んだ3つの数と，最後に横に並んだ2つの数（2，3）の積の72になります。先ほど連除法により，24と36は次のように表せることがわかりました。

$$24 = 2 \times 2 \times 3 \times 2$$
$$36 = 2 \times 2 \times 3 \times 3$$

＞このように素数の積の形で表すことを素因数分解といいます。

　最小公倍数をAとすると，Aは24でも36でもわりきれる数なので，整数B，Cを用いて次のように表すことができます。

$$A = 24 \times B = 36 \times C$$

これを先ほどの式に置きかえてみましょう。

$$A = 2 \times 2 \times 3 \times 2 \times B \quad \cdots\cdots ①$$
$$A = 2 \times 2 \times 3 \times 3 \times C \quad \cdots\cdots ②$$

　Aは等しい数を表すので，Bには②にはあって①にはない最小の数，Cには①にはあって②にはない最小の数をあてはめればよいことになります。24も36も青のパーツはすでに持っているので，BとCには**太字**のパーツを入れかえてあてはめて，最大公約数は $2 \times 2 \times 3 \times 2 \times 3 = 72$ となります。

　以上のことから，たてに並んだ数と，最後に横に並んだ数の積が最小公倍数になることがわかります。

チャレンジ 適性検査を体験しよう

→答えはべっさつ2〜6ページ

1 〈京都府立園部高等学校附属中学校〉

大志さんは，ある整数が2の倍数であるかどうかを見分けるのに，一の位の数を見て判別します。ある日，大志さんのお父さんから，3の倍数であるかどうかを見分ける方法を教えてもらいました。それは，「各位の数の和が3の倍数ならば，もとの整数も3の倍数である。」ということでした。たとえば，891は百の位の数「8」と十の位の数「9」と一の位の数「1」の和が8＋9＋1＝18となり，18は3の倍数なので891も3の倍数になります。確かに891÷3＝297となり，891は3の倍数であることがわかります。このことを使って次の問いに答えなさい。

問1 一の位の数がかくれている3けたの整数49□がある。この数が3の倍数となるようにしたい。□にあてはまる数として考えられるものをすべて求めなさい。

問2 十の位と百の位の数がそれぞれかくれている4けたの整数4□□9がある。この数が3の倍数となるようにしたい。右の4枚のカードから□□にあてはまるものをすべて選びなさい。

　　　04　13　76　98

問3 一の位と十の位の数がそれぞれかくれている5けたの整数725□□がある。この数が6の倍数となるようにしたい。問2の4枚のカードから□□にあてはまるものをすべて選びなさい。また，その理由を答えなさい。

問4 一の位と十の位の数がそれぞれかくれている5けたの整数725□□がある。この数が15の倍数となるようにしたい。□□にあてはまる数として考えられるものをすべて求めなさい。答えは，次の例に示す記号を用いて書きなさい。また，その理由を答えなさい。

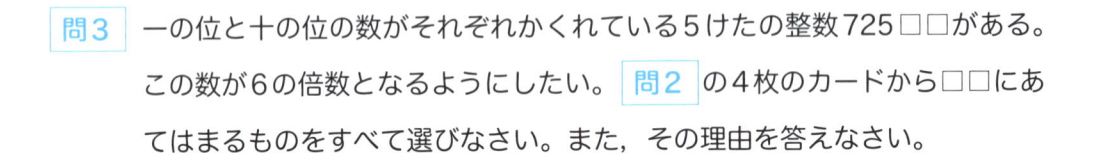

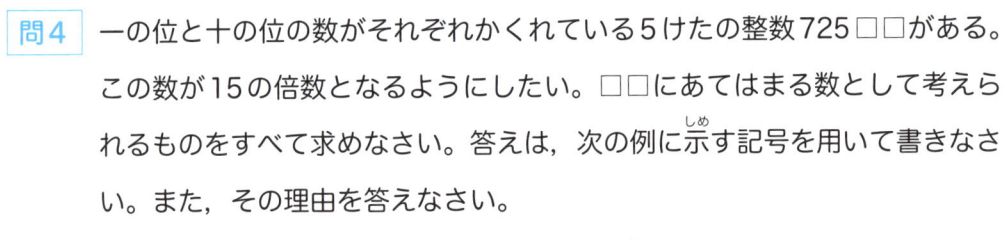

　例　5けたの整数が72501の場合は，（0，1）と記入する。

2 〈京都府立洛北高等学校附属中学校〉

2，3，5，7，…のように，1とその数のほかに約数がない整数を素数といいます。なお，1は素数にはふくめません。次の 問1 の課題に取り組みましょう。

問1 11以上30以下の素数をすべて書きましょう。

xは2以上の整数とします。

＜x＞は，整数xの約数のうち，素数だけの積を表す記号とします。

たとえば，＜12＞＝2×3＝6となります。なぜなら，12の約数は1，2，3，4，6，12であり，そのうち，素数は2と3だけだからです。

また，10の約数は1，2，5，10であり，そのうち素数は2と5だけなので，＜10＞＝2×5＝10となります。このとき，次の 問2 ～ 問6 の課題に取り組みましょう。

問2 ＜360＞はいくつになりますか。

問3 ＜2040＞はいくつになりますか。

問4 $x＝2$や$x＝3$のとき，＜x＞＝xとなります。

$x＝4$のとき，＜4＞＝2となり，＜x＞＝xとはなりません。

では，xが10以上20以下の整数のとき，＜x＞＝xとなるxの値をすべて書きましょう。

問5 aを20以上40以下の整数とします。

＜6＞×＜a＞＝＜6×a＞となるaをすべて書きましょう。

チャレンジ 適性検査を体験しよう

問6 y, z をそれぞれ2以上10以下の整数とします。また，y の方が z より大きいとします。このとき，＜y＞×＜z＞＝＜$y×z$＞となる y, z の組み合わせを3つ書きましょう。

3 〈横浜市立南高等学校附属中学校〉

みなみさんは分数について勉強しています。3つの数字2，3，4を分母，分子にそれぞれ使ってできる分数の種類は(ア)のように9通りあります。

(ア) $\frac{2}{2}$, $\frac{3}{2}$, $\frac{4}{2}$, $\frac{2}{3}$, $\frac{3}{3}$, $\frac{4}{3}$, $\frac{2}{4}$, $\frac{3}{4}$, $\frac{4}{4}$

(ア)の中で約分できる分数を約分すると

$\frac{2}{2}=1$, $\frac{3}{2}$, $\frac{4}{2}=2$, $\frac{2}{3}$, $\frac{3}{3}=1$, $\frac{4}{3}$, $\frac{2}{4}=\frac{1}{2}$, $\frac{3}{4}$, $\frac{4}{4}=1$

となり，同じ数になるものを1つにまとめると次のようになります。

(イ) $\frac{1}{2}$, $\frac{2}{3}$, $\frac{3}{4}$, 1, $\frac{4}{3}$, $\frac{3}{2}$, 2

したがって，3つの数字2，3，4を分母，分子にそれぞれ使って分数を作り，それを約分して同じ数になるものを1つにまとめると，(イ)のように全部で7通りの数ができます。

みなみさんはこのような考え方を使って，7つの数字2，3，4，5，6，7，8を分母，分子にそれぞれ使ってできる数の種類を考えました。

問1 約分すると分母が6になる分数をすべて書きなさい。

問2 約分できる分数を約分し，同じ数になるものを1つにまとめると全部で何通りの数ができますか。

4 〈京都府立洛北高等学校附属中学校〉

1〜10のカードを1枚ずつ用意します。

| 1 | 2 | 3 | 4 | 5 | 6 | 7 | 8 | 9 | 10 |

1回 数のきまり

このカードを2枚使って分数を作ります。たとえば，分母に2，分子に8を使うと，$\frac{8}{2}$という分数が作れます。この分数を約分すると4という整数になります。次の問1〜問3の課題に取り組みましょう。

問1　約分すると5になる分数を2つ作りましょう。なお，すでに1のカードは置かれています。

問2　10枚のカードをすべて1枚ずつ使い，約分すると整数になる分数を5つ作りましょう。

問3　問2で作った5つの分数の積を書きましょう。

次に，1〜19のカードを1枚ずつ用意します。

1 2 3 4 5 6 7 8 9 10
11 12 13 14 15 16 17 18 19

このとき，次の問4・問5の課題に取り組みましょう。

問4　19枚のカードのうち16枚のカードを1枚ずつ使い，約分すると整数になる分数を8つ作りましょう。

問5　問4のような8つの分数を作る作り方は何通りもあります。それぞれの作り方において，8つの分数の積を求めます。その中で最大の積と最小の積を書きましょう。

2 割合

条件を整理する　視点を変える　因果関係をつかむ　調べる・比べる　数を操作する　つくり出す・決定する

適性検査によく出る
百分率・歩合
表やグラフ

学んだ日　月　日

● 教科書のまとめ

★2つの量を比べるとき，もとにする量を1として，比べられる量がいくつにあたるかを表した数を割合という。

★割合を表す数が0.01のとき，1パーセントといい，1%と書く。
このような，もとにする量を100としたときの割合の表し方を百分率という。

★割合の0.1を1割，0.01を1分，0.001を1厘と表すことがある。
このような割合の表し方を，歩合という。

➡ 教科書の内容が使えるか確かめよう

❶ 小数で表した割合を，百分率で表しましょう。

　ア　0.24　　イ　0.546

　ア　□
　イ　□

❷ 小数で表した割合を，歩合で表しましょう。

　ア　0.36　　イ　0.795

　ア　□
　イ　□

❸ 5年生の人数100人に対するサッカークラブの人数12人の割合を百分率で答えましょう。

□

答え　❶ ア 24%　イ 54.6%　❷ ア 3割6分　イ 7割9分5厘　❸ 12%

1 先生といっしょに取り組もう

こうたさんとゆりさんは，1組と2組の読書冊数を調べています。

こうた: 1組の人たちの1か月の読書冊数を調べたら，表1のような結果になった。

表1　1組（クラス人数40人）

冊数	0冊	1冊	2冊	3冊	4冊	5冊	6冊以上
人数(人)	1	10	12	8	2	5	2

ゆり: 私も2組の人たちの1か月の読書冊数を調べたら，表2のような結果になったの。
それぞれの冊数の人数の割合を，百分率で表したよ。

表2　2組（クラス人数40人）

冊数	0冊	1冊	2冊	3冊	4冊	5冊	6冊以上
人数の割合(%)	0	12.5	25	30	12.5	10	10

問題 表2にならって，表1の1組の人たちの結果を百分率で表してみましょう。

2つの量を比べるとき，もとにする量を1として，比べられる量がいくつにあたるかを表した数のことを割合といいます。
たとえば，5冊借りた人の割合を求めてみましょう。

こうた: えっと、5冊借りた人は ❶□ 人だから…

ゆり: こうたさん、その ❶□ 人が比べられる量で、全体の ❷□ 人がもとにする量になるのよ。

こうた: もとにする量に対してどのくらいかを求めればよいから…わかった！
❶□ ÷ ❷□ という計算をすればいいんだね。
答えは ❸□ だ。

そのとおりです。
こうたさん、よくわかりましたね。

こうた: 百分率で表すにはどうしたらいいのかな。

ゆり: 百分率はもとにする量を100としているのよ。
だから、❸□ ×100の計算をすると百分率で表すことができるのよ。

こうた: そうか！　じゃあ、5冊借りた人の割合は百分率で表すと ❹□ ％となるんだね。

2回 割合

先生: ところで,ゆりさん。2組では3冊借りた人は実際には何人いたのかしら？

ゆり: えーっと,人数を書いた紙をなくしてしまいました。でも,だいじょうぶ。計算で求めることができます。

こうた: ぼくもわかるよ。3冊借りた人数の割合は30％だから,小数で表すと ⑤ だよね。

ゆり: ⑥ 人をもとにする量としたときの ⑤ にあたる数を求めればよいので, ⑥ × ⑤ で ⑦ 人です。

先生: 二人ともよくできました。

ポイント

割合＝比べられる量÷もとにする量　で求めることができます。

百分率で表すときは,割合×100 をします。

比べられる量＝もとにする量×割合　で求めることができます。

答え

❶ 5　❷ 40　❸ 0.125　❹ 12.5　❺ 0.3　❻ 40　❼ 12

1-1 やってみよう

➡答えはべっさつ7ページ

学校の図書館から1週間に貸し出された本についてまとめたところ下の表のようになりました。

表　1週間に貸し出された本の数

曜日	月	火	水	木	金
本の数(冊)	54	60	42	48	96
割合(％)	ア	イ	14	ウ	32

ア・イ・ウにあてはまる数を求め，表を完成させましょう。

こうた：まず，もとにする量は…。あれ？　書いてないぞ。

先生：計算で求めてみましょう。

こうた：本の数を全部たせばよいから…
式は ❶ □ で，
合計は ❷ □ 冊ですね。

先生：アは，比べられる量が ❸ □ ですね。
百分率で表したいから，一つの式にまとめると，
❸ □ ÷ ❷ □ ×100だから ❹ □ ％と求められます。

28

2回 割合

同じように計算すると…
イは, ❺ ☐ ÷ ❷ ☐ × 100 = ❻ ☐ %です。

こうた

ゆり

ウは, ❼ ☐ ÷ ❷ ☐ × 100 = ❽ ☐ %です。

表 1週間に貸し出された本の数

曜日	月	火	水	木	金
本の数(冊)	54	60	42	48	96
割合(%)	❹	❻	14	❽	32

できました！

こうた ゆり

二人とも, バッチリね。

1-2 やってみよう

➡答えはべっさつ7ページ

学校の図書館から1週間に貸し出された本の種類についてまとめたところ下の表のようになりました。

表　1週間に貸し出された本の種類

種類	物語	歴史	伝記	科学	その他
本の数(冊)	60	55	45	40	50
割合(%)	24	ア	イ	16	20

ア・イにあてはまる数を求めましょう。

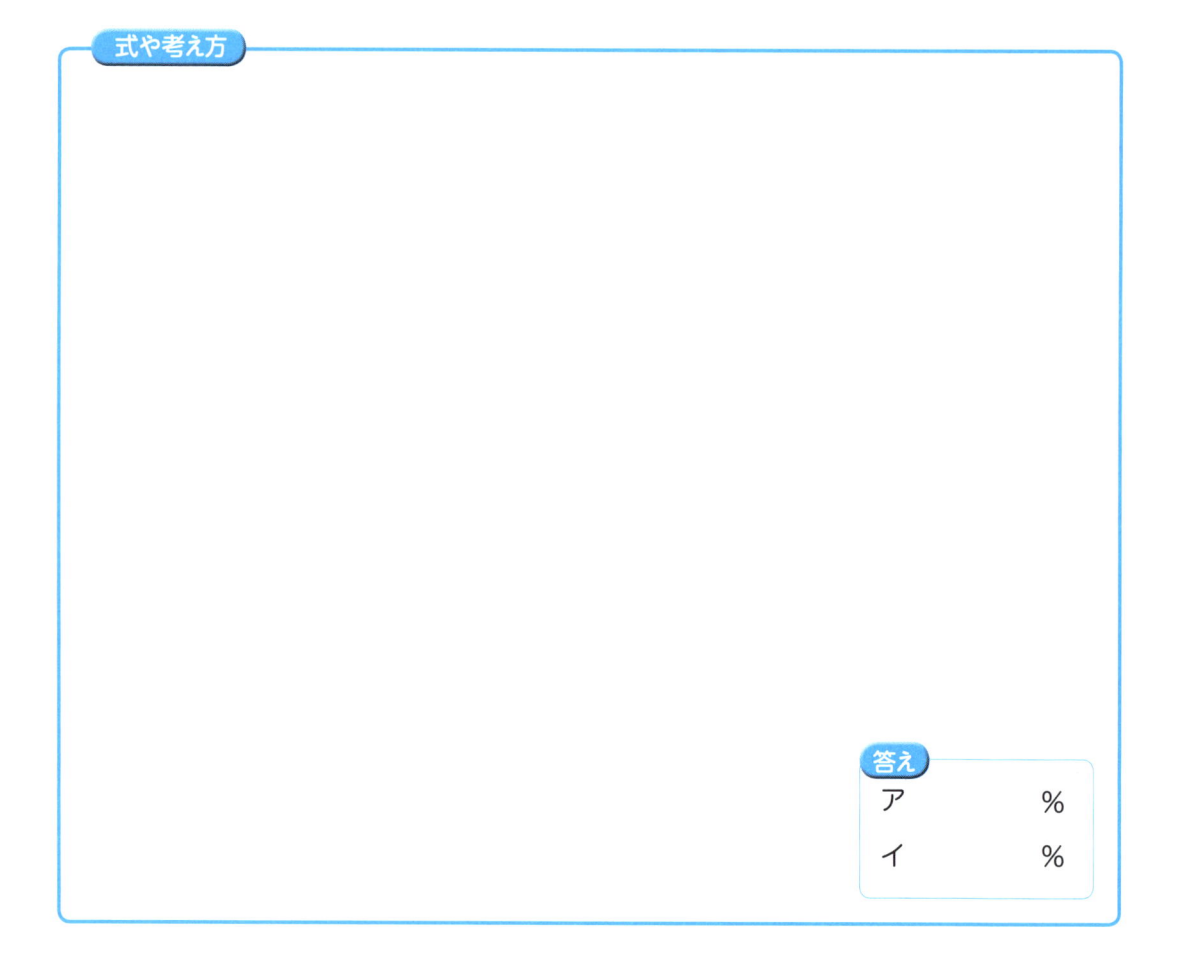

式や考え方

答え
ア　　　%
イ　　　%

2 先生といっしょに取り組もう

6年1組では，学習発表会後，発表についてのアンケートを見学者に記入してもらいました。アンケート結果をまとめたものが下の資料です。

資料　6年1組の発表について

	感想	人数
ア	たいへん工夫されていて興味をもって見学できた。	80名
イ	工夫されていた。	40名
ウ	もう少し工夫してほしかった。	24名
エ	その他	16名

問題　クラス実行委員のみどりさんは，資料を円グラフにしてクラスにけい示することにしました。あなたがみどりさんと同じ作業を行うとして，資料のア〜エの割合（％）を求め，表と円グラフを完成させましょう。

	感想	割合(%)
ア	たいへん工夫されていて興味をもって見学できた。	
イ	工夫されていた。	
ウ	もう少し工夫してほしかった。	
エ	その他	

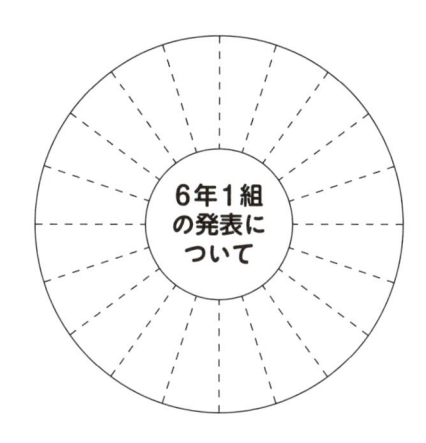

6年1組の発表について

こうた: 表もグラフもあって，何から手をつけていいのかわからないや。

まずは表をうめてみましょう。数字がたくさんあるので，何を何でわるのかに気をつけながら考える必要がありますね。
ゆりさん。それぞれの人数はどのような量に対応しているでしょうか。

ゆり: はい。それぞれの感想を書いた人数が ❶〔　　　　　〕量で，見学者の合計人数が ❷〔　　　　　〕量だと思います。

そのとおりですね。では，今回の見学者の合計人数を出してみましょう。

ゆり: ア～エの人数を全部たせばいいんだから…，
式は ❸
で ❹ 人ですね。

こうた: ようし，がんばるぞ！
アは，❺ ÷ ❹ × 100 = ❻ ％
イは，❼ ÷ ❹ × 100 = ❽ ％だね。

32

ウは, ⑨ ❒ ÷ ④ ❒ × 100 = ⑩ ❒ %

エは, ⑪ ❒ ÷ ④ ❒ × 100 = ⑫ ❒ %

やった，これで表を全部うめられるわ！

ゆり

	感想	割合(%)
ア	たいへん工夫されていて興味をもって見学できた。	⑥
イ	工夫されていた。	⑧
ウ	もう少し工夫してほしかった。	⑩
エ	その他	⑫

よくできました。表を完成させることができましたね。続いて，円グラフについて考えていきましょう。

割合がわかったから，あとは区切るだけ！　…あれ。でもこの円グラフは，1めもりをどれぐらいの量と考えて区切ればいいんだろう。1％？　それとも10％？

こうた

だいじょうぶ，落ち着いて。百分率と円グラフのめもりの，全体のちがいに注目してみてください。

百分率は，全体を ⑬☐ ％としたときの割合の表し方でしたね。

この円グラフは ⑭☐ 等分されていているから…，これで1めもりあたり何％になるのかが求められそうなんだけど。

ゆり

わかった！
⑬☐ ÷ ⑭☐ ＝ ⑮☐ だから，
1めもりあたり ⑮☐ ％と考えて区切っていけばいいんだね。

こうた

では，ア〜エがそれぞれ何めもり必要になるか，計算で求めてから，円グラフにかきこんでみましょう。

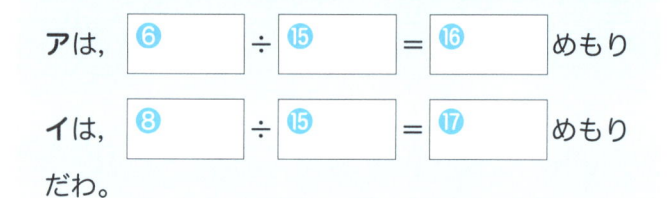

アは，⑥☐ ÷ ⑮☐ ＝ ⑯☐ めもり

イは，⑧☐ ÷ ⑮☐ ＝ ⑰☐ めもり

だわ。

ゆり

ウは，⑩☐ ÷ ⑮☐ ＝ ⑱☐ めもり

エは，⑫☐ ÷ ⑮☐ ＝ ⑲☐ めもり

だから，グラフは…

こうた

2回　割合

⑳ グラフ

（6年1組の発表について）

できました！

こうた　ゆり

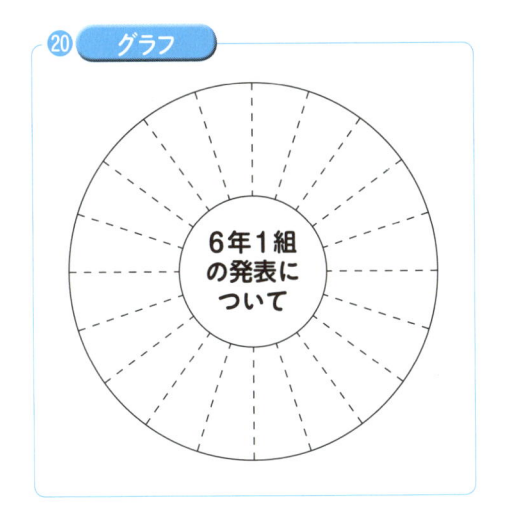

ポイント

割合を円グラフなどに表すときには，「割合とめもり」，「割合と角度」を対応させて考えましょう。

答え

❶ 比べられる　　❷ もとにする
❸ 80＋40＋24＋16　　❹ 160　　❺ 80　　❻ 50
❼ 40　　❽ 25　　❾ 24　　❿ 15　　⓫ 16　　⓬ 10
⓭ 100　　⓮ 20　　⓯ 5　　⓰ 10　　⓱ 5　　⓲ 3
⓳ 2

⑳ （6年1組の発表について　ア・イ・ウ・エ）

35

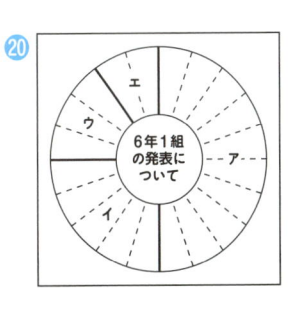

2-1 やってみよう

➡答えはべっさつ7ページ

次の表は，図書室で7月に貸し出した本の数を種類別にまとめたものです。図のように，調べた本の割合を，円グラフにしてけい示することにしました。まず，物語の部分に色をぬろうと考え，中心の角度を分度器ではかり，正しくかくことにしました。⑰の角度は何度ですか。

表　7月に貸し出した本の数

種類	貸し出した本の数(冊)
物語	216
伝記	121
科学	72
図かん	22
その他	49

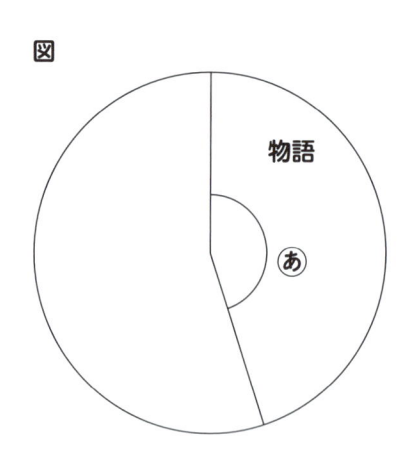

図

ゆり：今回も，まずは割合を求めることからはじめましょうよ。

もとにする量は…。

式は ❶ _____ で

❷ _____ 冊だね。

こうた

ゆり: 物語の本の数の割合を小数で求めると，
❸ ÷ ❷ = ❹
になるわ。

こうた: あとはこれを角度に直せば…，角度？そんなのやってないよ。

先生: 円グラフのもとにする量は何度でしょうか。

ゆり: もとにする量…，円グラフは全部で❺ 度だから…。

こうた: わかった！
❺ × ❹ で求めることができるから，
㋐の角度は❻ 度になるよ。

ゆり: すごいわ，こうたさん！

先生: よくできました！

2-2 やってみよう

➡答えはべっさつ 7・8 ページ

　さくら小学校では，6年生4クラスで対抗スポーツ大会をすることになりました。スポーツ大会でどんな種目をやりたいかについて，6年生全員にアンケートをとったところ，次の表のような結果になりました。表をもとに，団体種目アからカのそれぞれの人数の割合を表す円グラフを作りたいと思います。下の円グラフを完成させましょう。

やりたい種目	人数(人)
ア　ドッヂボール	54
イ　サッカー	36
ウ　野球	18
エ　バレーボール	12
オ　バスケットボール	24
カ　その他	6

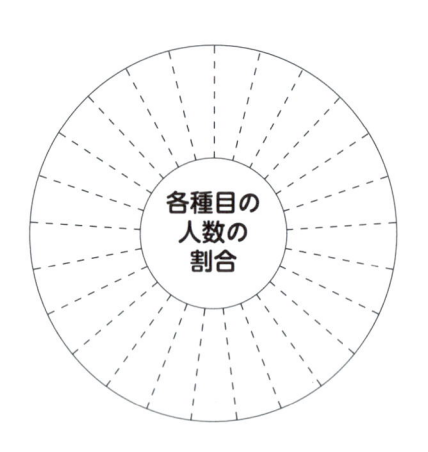

各種目の人数の割合

2回 割合

式や考え方

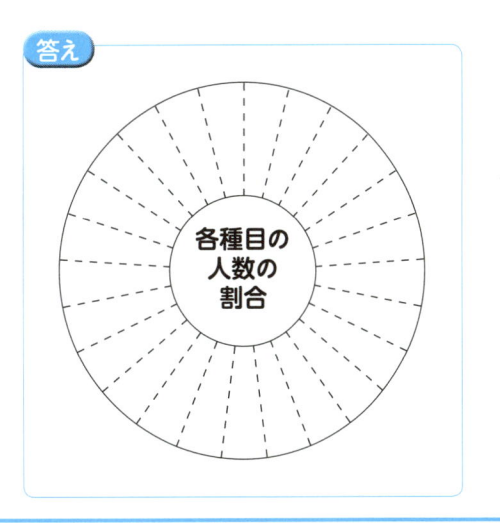

答え

各種目の
人数の
割合

チャレンジ 適性検査を体験しよう

→答えはべっさつ8・9ページ

1 〈神奈川県立中高一貫校〉

表は，さとしさんが神奈川県の農業と全国の農業のちがいを調べるためにまとめたものです。表を見て，あとの問いに答えましょう。

表　神奈川県と全国の農業生産額　　　　　　　（単位　億円）

	米	野菜	果実	注)畜産物	その他	合計
神奈川県	42	389	84	158	63	736
全国	18044	20876	6984	26371	10887	83162

注)畜産物：牛やブタなどを飼い養い，生産される肉や乳など。

（農林水産省『農林水産統計』より作成）

グラフは，表をもとに全国の農業生産額の割合を百分率（％）で表した円グラフです。次の〔グラフのかき方〕を読み，グラフのように，神奈川県の農業生産額の割合について，円グラフをかきましょう。

〔グラフのかき方〕
- 百分率が小数になるときには，小数第1位を四捨五入して，整数にしましょう。
- 米はあ，野菜はい，果実はう，畜産物はえ，その他はおでそれぞれ表し，割合の大きい順に線をかいて区切りましょう。ただし，おはグラフの最後にかきます。また，おをのぞいて，割合が同じ場合は，どちらを先にかいてもかまいません

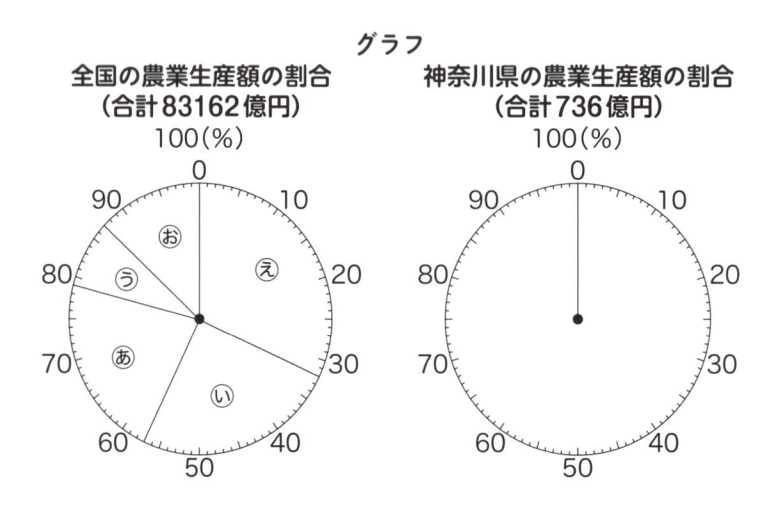

グラフ

全国の農業生産額の割合
（合計83162億円）

神奈川県の農業生産額の割合
（合計736億円）

2 〈岩手県立一関第一高等学校附属中学校・改〉

次の資料1, 2は, ある年の東北地方における米の収かく量と, 全国における地方別の米の収かく量の割合を表したものです。

問1 この年の中部地方における米の収かく量は, 円グラフにする際, 中心の角度を何度としてかけばよいでしょうか。

問2 この年の関東の米の収かく量は, およそ何万kgになりますか。答えは, 四捨五入をして上から2けたのがい数にしなさい。

資料1　東北地方における米の収かく量

県　名	収かく量(万kg)
青森県	28600
岩手県	29800
宮城県	36300
秋田県	51200
山形県	39700
福島県	35400

資料2　全国における地方別の米の収かく量の割合

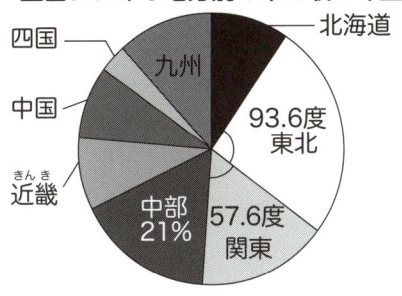

3 数の並び方

適性検査によく出る
等差数列・三角数
奇数列の和

学んだ日　月　日

教科書のまとめ

★あるきまりに従って数を並べたものを数列という。
★「となりどうしの数の差が等しい」というきまりで並ぶ数列を等差数列という。

教科書の内容が使えるか確かめよう

❶次の数列の□に入る数を求めましょう。

1, 5, 9, 13, □, 21, 25, ……

❷次の数列の□に入る数を求めましょう。

2, 4, 7, 2, 4, 7, □, 4, □, 2, 4, 7, ……

❸次の数列の□に入る式を求めましょう。

1＋4, 3＋6, 5＋8, 7＋10, 9＋12, □, ……

❹次の数列の□に入る数を求めましょう。

1, 1, 2, 3, 5, 8, 13, 21, 34, □, 89, ……

答え　❶17　❷2, 7　❸11＋14　❹55

3回　数の並び方

1 先生といっしょに取り組もう

今回は，きまりに従って数を並べた「数列」を学習します。「数列」という言葉は初めて聞くと思うけど，どういう数を思いうかべますか？

う〜ん，1〜10とか，かけ算九九とかいろいろあります。

こうた

では，先生が問題を出します。次の数列の20番目の数はいくつかしら？
2，5，8，11，14，17，……

となりの数は3ずつ大きくなっているから，20番目まで書く？

こうた

こうたさん，ちがうと思うわ。式を立てて，計算で求めるのよ。

ゆり

問題の数列のきまりは，こうたさんが言ったとおり。となりの数は3ずつ大きくなっています。式で書くと次のようになりますね。

$2 + 3 \times$ ❶ ☐ $= 5$ ……2番目

$2 + 3 \times$ ❷ ☐ $= 8$ ……3番目

$2 + 3 \times$ ❸ ☐ $= 11$ ……4番目

$2 + 3 \times$ ❹ ☐ $= 14$ ……5番目

先生，わかりました。20番目は2に3を⑤□個たした数になるので，2＋3×⑥□＝⑦□です。

ゆり

正解です。となりどうしの数の差が等しい数列では，1番目の数に等しい差を何個たしたかによって，□番目の数を求めることができるんです。

先生，ぼくも□番目の数の求め方を練習したいです。

こうた

わかりました。それでは，こうたさん，先ほどと同じ数列の50番目の数を求めてください。

え〜と，50番目だから，2＋3×⑧□＝⑨□となります。先生，合っていますか？

こうた

正解です。等差数列の□番目の数は，この方法なら何番目の数でも，式と計算で求めることができますね。「数列」ではきまりを見つけることがとてもだいじです。では，次の問題を考えてみましょう。

はい。

こうた　ゆり

3回 数の並び方

問題 1〜5の整数の和の求め方を考えましょう。

こうた：順番にたしちゃいけないのかな？

ゆり：工夫して求めるのよ。順番に並んでいるから，となりとの差は全部1ね。

先生：ゆりさんは数の並び方にきまりがあることに気づきましたね。こうたさん，たし算の式を図に表したら，きまりがもっとハッキリするでしょう。

こうた：先生，図といってもいろいろあるけど，数の和だから線分図ですか？

先生：**条件を整理してかく**ということです。ゆりさんの言った，となりどうしの数の差が1である場合をかいてみましょう。

こうた：差が1ずつで，1，2，3，…と階段みたいだ。あれ，最初と最後？

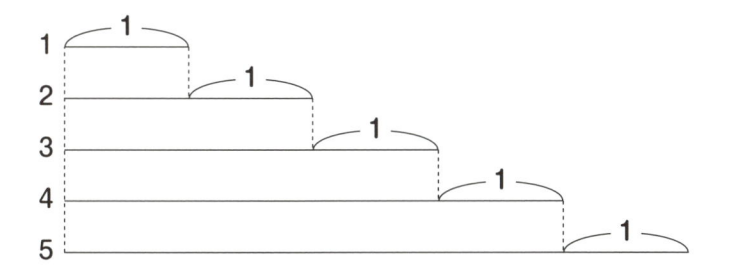

```
1 ┌─1─┐
2 │   └─1─┐
3 │       └─1─┐
4 │           └─1─┐
5 │               └─1─
```

こうたさん，何か気づいたようですね。最初と最後の数をたすと，1＋5＝6。和が6になるのはほかにもありますね。

2＋4＝6，3が1個残っているので，6×2＋3＝15。3も2個あれば6になるのに。ちょっと，めんどうだな。

こうた

こうたさんが言った「3も2個あれば6になるのに」がヒントになり，私は数を逆に並べてたしてみました。

　　1＋2＋3＋4＋5
＋) 5＋4＋3＋2＋1
　　6＋6＋6＋6＋6＝ ⑩ × ⑪ ＝ ⑫

でも， ⑬ は正しい答えの ⑭ 倍だから，

⑮ ÷ ⑯ ＝ ⑰ と求めました。どうでしょうか？

ゆり

大正解。二人とも，式を書いて，しっかりと理解しましょう。

⑱ 式　　　　　　　　　　　　　　　⑲ 答え

ゆり

答え

❶ 1　❷ 2　❸ 3　❹ 4　❺ 19　❻ 19　❼ 59　❽ 49　❾ 149
❿ 6　⓫ 5　⓬ 30　⓭ 30　⓮ 2　⓯ 30　⓰ 2　⓱ 15
⓲ （1＋5）×5÷2＝15　　⓳ 15

46

3回 数の並び方

1-1 やってみよう

➡答えはべっさつ10ページ

下の数列はとなり合う数の差がすべて等しく並ぶ等差数列です。はじめから8番目の数までたすといくつになりますか。

3, 8, 13, 18, 23, 28, 33, 38, ……

こうた：となりどうしの数の差はすべて等しいので1番目と8番目，2番目と7番目，…それぞれの和は等しく ❶____ になります。
だから，❷____ × ❸____ ＝ ❹____ が求める答えです。

ゆり：私の求め方は3，8，…，33，38を逆に38，33，…，8，3と並べて，3と38，8と33，…，33と8，38と3をそれぞれたすと41が8個できる。41×8＝328は求める答えの ❺____ 倍なので，328÷ ❻____ ＝ ❼____ が求める答えです。

こうたさん。ゆりさんの求め方を1つの式で表せますか？

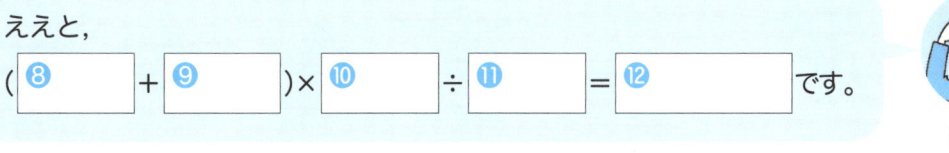

こうた：ええと，
(❽____ ＋ ❾____)× ❿____ ÷ ⓫____ ＝ ⓬____ です。

式の意味を理解することがだいじですね。

➕ 1-2 やってみよう

➡答えはべっさつ10ページ

下の数列は等差数列です。はじめから10番目の数までたすといくつになりますか。

$$2, 5, 8, 11, 14, \cdots\cdots$$

10番目の数を求める式や考え方

答え　10番目の数 ☐

10番目までの数の和を求める式や考え方

答え ☐

ポイント

となりどうしの数の差が等しい数列を**等差数列**といいます。

等差数列の和を求めるには，数列を逆(ぎゃく)に並(なら)べて順番にたすと，それぞれの数の和は等しくなり，それらをすべてたすと，求める和の2倍になります。

等差数列の和の求め方＝(はじめの数＋終わりの数)×個数(こすう)÷2

3回 数の並び方

2 先生といっしょに取り組もう

等差数列の和の求め方は理解できたかしら。次に，三角数という別の方法で等差数列の和を考えてみましょう。

整数，小数，分数は知っているけど，三角数なんて数があるんだ。初めて聞く数だ。ほんと。

こうた

こうたさん。三角数だから，数列を三角形の形に並べたらどうかしら。左から順番に1列に並べるよりも，おもしろそう。

ゆり

問題　下の図にある，ご石の個数を求めましょう。

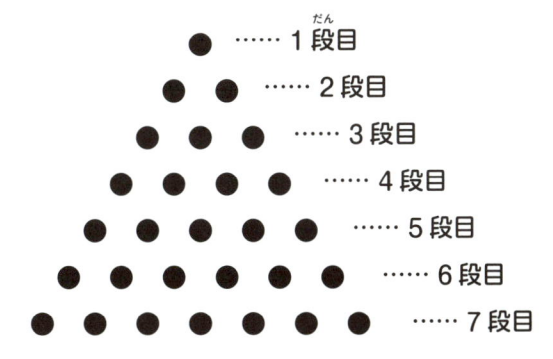

● …… 1段目
● ● …… 2段目
● ● ● …… 3段目
● ● ● ● …… 4段目
● ● ● ● ● …… 5段目
● ● ● ● ● ● …… 6段目
● ● ● ● ● ● ● …… 7段目

上の図はご石を正三角形の形に並べたものです。三角数というのは，三角形に並べたものの個数を表します。**等差数列の和を見方を変えて図形の数列として考える**ということです。

線分図より見やすいし，ご石がきれいに並んでいるね。

こうた

こうた: ご石が正三角形の形に並んでいるので、等差数列の和の求め方もこの図が利用できそう。ええと、各段とも同じ個数にすると、右の図かな？

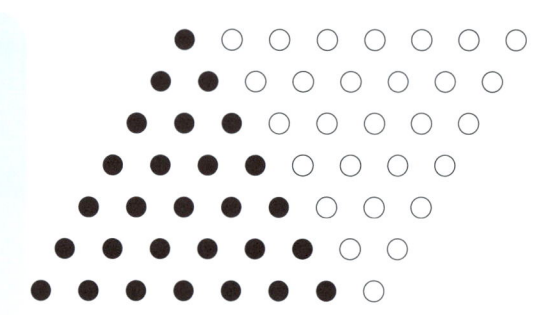

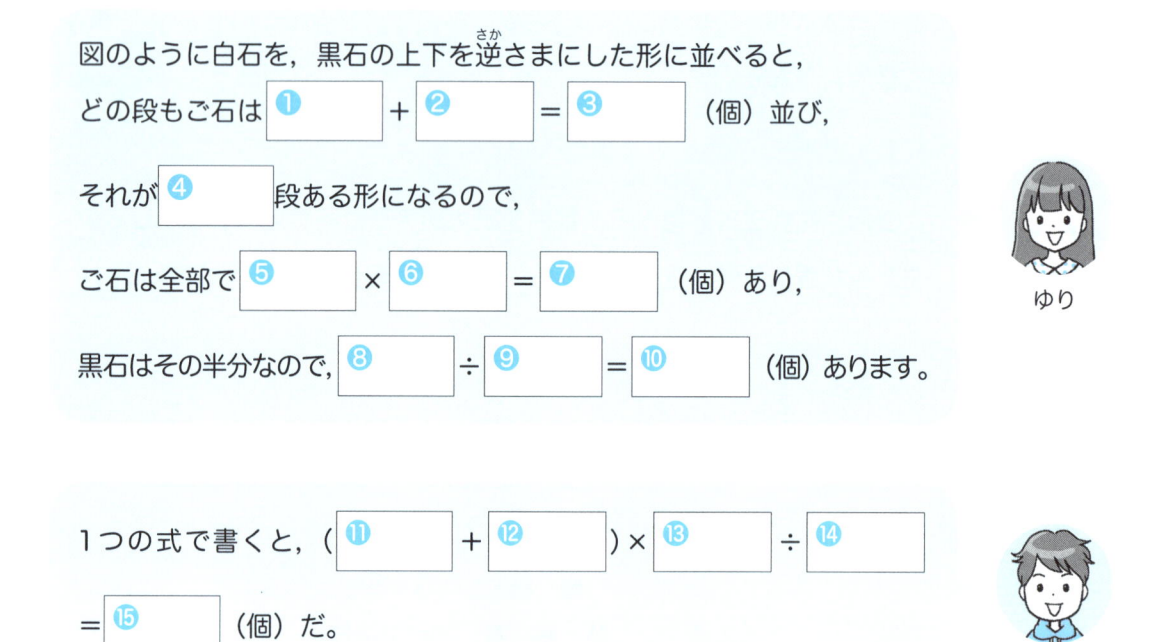

図のように白石を、黒石の上下を逆さまにした形に並べると、

どの段もご石は ❶☐ + ❷☐ = ❸☐ （個）並び、

それが ❹☐ 段ある形になるので、

ご石は全部で ❺☐ × ❻☐ = ❼☐ （個）あり、

黒石はその半分なので、❽☐ ÷ ❾☐ = ❿☐ （個）あります。

1つの式で書くと、(⓫☐ + ⓬☐) × ⓭☐ ÷ ⓮☐ = ⓯☐ （個）だ。

大正解。ゆりさんは図の使い方がとてもうまいわ。このように図を利用すると、理解が深まります。**等差数列の和と三角数の関係**をしっかり頭に入れておきましょう。

答え

❶ 1　❷ 7　❸ 8　❹ 7　❺ 8　❻ 7　❼ 56　❽ 56　❾ 2
❿ 28　⓫ 1　⓬ 7　⓭ 7　⓮ 2　⓯ 28

3回 数の並び方

✚ 2-1 やってみよう

➡答えはべっさつ10ページ

次のように，黒のご石を正三角形の形に並べていきます。30番目にはご石が何個ありますか。

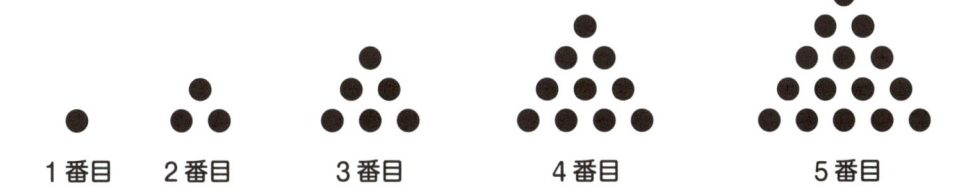

1番目　　2番目　　3番目　　4番目　　5番目

> 上の図に並んでいるご石の「きまり」がわかりましたか？

> 30番目だから，1辺のご石の数は30個ですね。　こうた

> 1～30の整数の和を求めればよいと思います。
> (❶　　 + ❷　　) × ❸　　 ÷ ❹　　 = ❺　　 （個）
> です。　ゆり

> 先生，100番目でも「きまり」がわかれば，すごく簡単ですね。　こうた

> 「きまり」を見つける大切さがわかりましたか？

> はい，よくわかりました。　こうた　ゆり

2-2 やってみよう

➡答えはべっさつ10ページ

次のように，黒のご石を正三角形の形に並べます。いちばん外側に並ぶご石の数が54個になるとき，ご石は何個ありますか。

式や考え方

答え　　　個

3 先生といっしょに取り組もう

先生: 今度は奇数列という数列を考えてみましょう。

ゆり: 奇数列だから，奇数が並んでいるのね。ほかにきまりはないのかな？

先生: 三角数は最初の数は1でしたね。奇数列も最初の数は1です。

こうた: すると，1，3，5，7，9，……だから，等差数列だ。同じ数列だから，おもしろくないな。

先生: でも，工夫するとおもしろいわよ。いっしょに考えましょう。

問題 次の数列は1からはじまる奇数列です。1～9の数の和を求めましょう。

1，3，5，7，9，…

先生: 奇数列ですから，となりどうしの数の差はすべて2です。
等差数列の和の求め方だと，(1＋9)×5÷2＝25 となります。
しかし，これ以外の方法で求めることができます。

こうた: いきなり言われてもわかりません。先生，ヒントをください。

ゆり: 私もこうたさんと同じ意見です。

三角数のときと同じように，ご石を使いましょう。
下の図のように，ご石をL字型に1個，3個，5個，7個，9個と順に並べると，正方形の形になります。

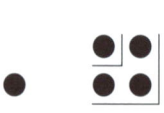

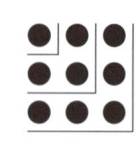

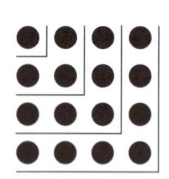

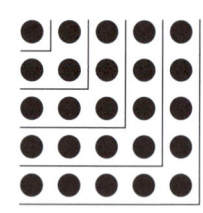

上の図を見て，何か気づいたことはありませんか？
正方形の1辺の個数と奇数の番目の数との関係に注目しましょう。

正方形の1辺にご石が5個並ぶと，奇数を5番目まで並べたことになるので，1＋3＋5＋7＋9＝❶□×❷□＝❸□です。

きまりがわかりました。たとえば，奇数を1から10番目までたすと，❹□×❺□＝❻□になります。

奇数を1から順番に□番目までたすとき，和は□×□になります。
□×□のように，同じ数を2回かけた値を平方数といいます。
「きまり」を使うと，計算で求めることができます。すごいですね。

答え
❶ 5　❷ 5　❸ 25　❹ 10　❺ 10　❻ 100

3回 数の並び方

3-1 やってみよう

➡答えはべっさつ10ページ

次の数列は，1からはじまる奇数列です。この数列のはじめから15番目までの数の和を求めましょう。

$$1, 3, 5, 7, 9, 11, 13, 15, \cdots$$

奇数を1から順にL字型に並べると，正方形になります。この特ちょうを利用します。正方形の面積の求め方は？

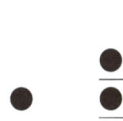

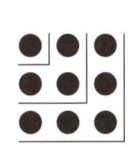

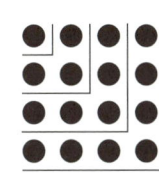

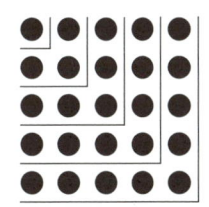

先生，たとえば，3番目まで並べると1辺が3個の正方形になるので，
1＋3＋5＝❶□×❷□＝❸□（個）です。

ゆり

すると，15番目まで並べると1辺が❹□個の正方形になるので，
❺□×❻□＝❼□（個）になる。15番目の奇数を求めなくても，和を求めることができる。これは，すごいや。

こうた

奇数列の和は四角数ともいいます。**奇数列を正方形の形に整理して，図形として見るのがおもしろい**ですね。

奇数列の和の求め方は理解できましたか？ では，次の問題です。

次の数列は，1からはじまる奇数列です。1〜39の数の和を求めましょう。

$$1, 3, 5, 7, 9, 11, \cdots, 37, 39, \cdots$$

39は奇数の何番目かな？
1＋2＋2＋…＋2＝39だから，
(39－❽　)÷❾　＝❿　。

だから，⓫　＋⓬　＝⓭　（番目）。めんどうだな。

こうた

私は，(1, 2)，(3, 4)，(5, 6)，…，(39, 40)のように奇数と偶数を組にします。だから，39は⓮　÷⓯　＝⓰　（番目）になる。

⓱　×⓲　＝⓳　が求める答えです。

ゆり

ゆりさん，すごいよ。ゆりさんの考え方に賛成です。

こうた

ゆりさんの，**偶数に注目した方法**がすばらしい。計算が簡単ですね。

3-2 やってみよう

➡答えはべっさつ10ページ

次の数列は等差数列です。はじめから□までたすと，840になります。奇数列の和の求め方を利用して，□にあてはまる数を求めましょう。

$$3,\ 5,\ 7,\ 9,\ 11,\ \cdots,\ \square,\ \cdots$$

式や考え方

答え

チャレンジ 適性検査を体験しよう

→答えはべっさつ10〜13ページ

1 〈福井県立高志中学校・改〉

下のように，数字が並んでいます。たとえば，8は4段目，左から2番目です。あとの問いに答えなさい。

```
                1                    …1段目
              2   3                  …2段目
            6   5   4                …3段目
          7   8   9   10             …4段目
       15  14  13  12  11            …5段目
       16  17  18  19  20  21        …6段目
    28  27  26  25  24  23  22       …7段目
```

問1 9段目に並んでいる数字の和を求めなさい。

問2 100は何段目の左から何番目でしょうか。

2 〈浅野中学校〉

下の図の中にある小さい四角形はすべて一辺の長さが1cmの正方形です。このとき，あとの問いに答えなさい。

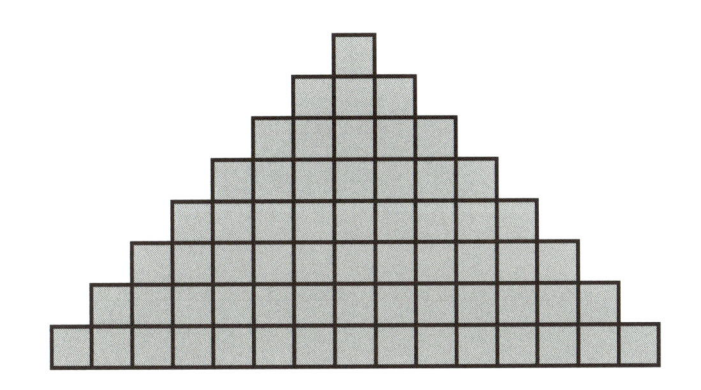

問1 この図の中にある一辺の長さが1cmの正方形の個数を求めなさい。

問2 この図の中にある一辺の長さが2cmの正方形の個数を求めなさい。

問3 この図の中にあるすべての正方形の個数を求めなさい。

4 平面図形

条件を整理する / 視点を変える / 因果関係をつかむ / 調べる・比べる / 数を操作する / つくり出す・決定する

適性検査によく出る：正方形・長方形・面積

学んだ日　月　日

教科書のまとめ

★正方形の面積……1辺の長さ×1辺の長さ

★正方形の周りの長さ……1辺の長さ×4

正方形

★長方形の面積……たての長さ×横の長さ

★長方形の周りの長さ……(たての長さ＋横の長さ)×2

長方形

教科書の内容が使えるか確かめよう

❶ 1辺3cmの正方形の面積を求めましょう。　　　　　　　　　　□ cm²

❷ 1辺5cmの正方形の周りの長さを求めましょう。　　　　　　　□ cm

❸ たての長さが3cm，横の長さが7cmの長方形の面積を求めましょう。　□ cm²

❹ たての長さが4cm，横の長さが6cmの長方形の周りの長さを求めましょう。

□ cm

答え　❶9　❷20　❸21　❹20

1 先生といっしょに取り組もう

こうたさんとゆりさんの小学校では、クラス別に花だんを作り、お花を植えていきます。毎年、どのような形の花だんにするのか、それをクラス別に何回も話し合って決定するのです。

問題　たての長さが4m、横の長さが5mの長方形の形をした花だんを作ります。この長方形の面積と周りの長さを求めましょう。

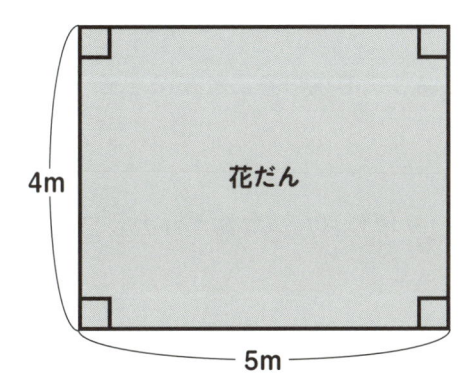

4m
5m
花だん

たての長さが ① □ mで、横の長さが ② □ mということは、

花だんの面積は、

① □ × ② □ = ③ □ m²

という式で求めることができるよ。

こうた

次に、周りの長さを求めるには、式だけではなく、**条件を整理する**ために、花だんの**図をかいてみる**といいですよ。

4m / 花だん / 5m

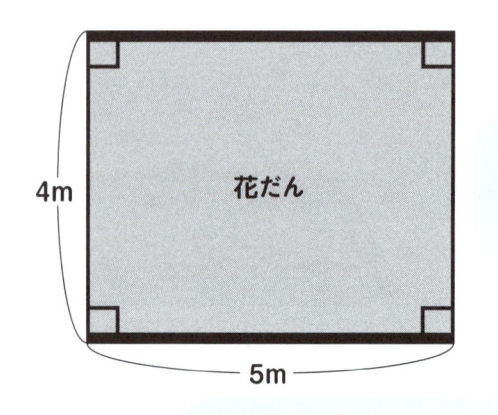

たての辺はそのままだけど，横の辺の太さを変えてみたよ。
こうた

こうたさん，わたし，いいことを思いついちゃった。
たての辺も横の辺もそれぞれ ❹ 本ずつあるから，
(❺ + ❻) × ❼
という式で求めることができそうよ。
ゆり

ゆりさん，なんだかカッコいい式ができあがったね。
こうた

こうたさん，おもしろいことを言うわね。
二人とも，ゆりさんの考え方を忘れないうちに，しっかり式を立てて，周りの長さを求めておきましょう。

❽ 式

❾ 答え　　m

こうた　ゆり

答え

❶ 4　❷ 5　❸ 20　❹ 2　❺ 4　❻ 5　❼ 2　❽ (4＋5)×2＝18
❾ 18

4回 平面図形

➕ 1-1 やってみよう　　➡答えはべっさつ14ページ

たての長さが12㎝, 横の長さが18㎝の長方形があります。この長方形の面積と周りの長さを求めましょう。ただし, 周りの長さは指示に従って, 2通りの方法で求めましょう。

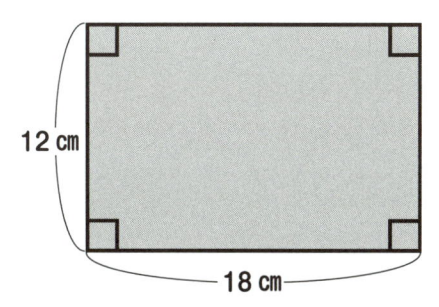

12 ㎝　　18 ㎝

こうた　面積の求め方は
① 式　　　　　　　　　　　② 答え　　　㎠

4つの辺の長さをすべて順番にたすと,
③ 式　　　　　　　　　　　④ 答え　　　㎝

ゆり

こうた　たての長さと横の長さをまとめてからたすと,
⑤ 式　　　　　　　　　　　⑥ 答え　　　㎝

ポイント

$a \times (b+c) = a \times b + a \times c$

$(a+b) \times c = a \times c + b \times c$

のことを**分配法則**と呼んでいます。

63

二人とも，長方形では周りの長さはしっかり求めることができたけど，凸凹（でこぼこ）な形ではどうすればいいでしょう。

図のような凸の形をした花だんの面積と，周りの長さを求めましょう。

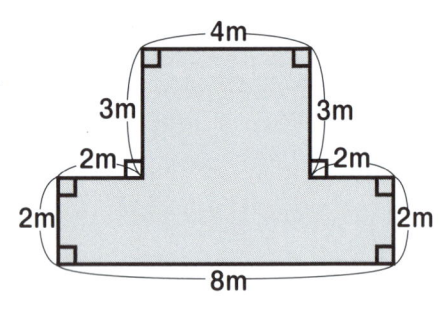

図形の形にまどわされないようにしてくださいね。
まずは，**あたえられた条件（じょうけん）を整理する**ことを心がけましょう。

凸の形をした花だんでも，図のように長方形２つに分けて考えると，面積を求めることができそうね。

ゆり

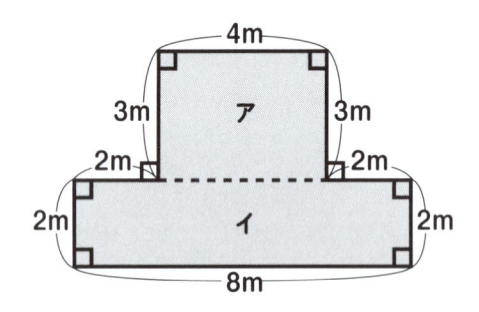

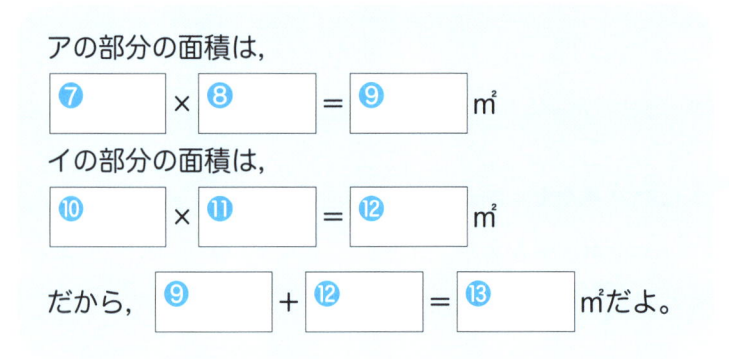

アの部分の面積は，

❼ × ❽ = ❾ m²

イの部分の面積は，

❿ × ⓫ = ⓬ m²

だから，❾ + ⓬ = ⓭ m²だよ。

こうた

4回 平面図形

こうたさん，すばらしい。
でも，2つに分けないで求める方法はあるかしら。
視点を変えて考えるといいわよ。

ゆり: 2つの長方形に分けて，その面積をたさずに求める方法なんてあるかしら。

こうた: たすのがダメならひいてみたらいいんじゃない？

ゆり: あ！　こうたさん，ありがとう。私，わかったわ。

外側に大きい長方形を作ると，面積は

⑭ × ⑮ = ⑯ m² となって，

ウの部分の面積は，

⑰ × ⑱ = ⑲ m²

エの部分の面積は，

⑳ × ㉑ = ㉒ m² だから，

⑯ − (⑲ + ㉒)

= ㉓ m² となるのね。

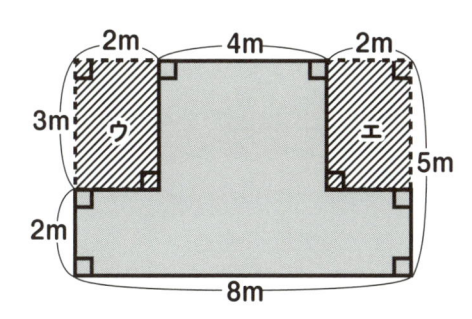

ゆりさん,大正解！　この勢いのまま周りの長さも求めていきましょう。周りの長さは式だけではなく,ここでも条件を整理するために,花だんの図をかいてみましょうね。

たてと横を区別して図をかき直してみました。

ゆり

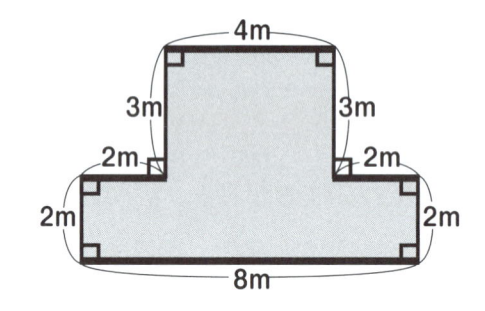

たての長さを求める式は,

❷④ + ❷⑤ + ❷⑥ + ❷⑦ で

横の長さを求める式も,たての長さと同じように整理すると,

❷⑧ + ❷⑨ + ❸⓪ +8

で求められるから,周りの長さは ❸① mとわかるね。

こうた

こうたさん。すべての辺を1つずつたしていくことで,正しく求めることができるけど,最後に2倍するという計算の工夫がありましたよね。式を立てて工夫することが重要ですよ。

はーい，がんばります。

たての長さは右側も左側も，

㉜ ＋ ㉝ ＝ ㉞ m，

横の長さは，上側も下側も

㉟ mで，さらに工夫すると，

(㉞ ＋ ㉟)×2＝ ㊱ mと

あっという間に求めることができちゃった。

計算の工夫っておもしろいね。

こうた

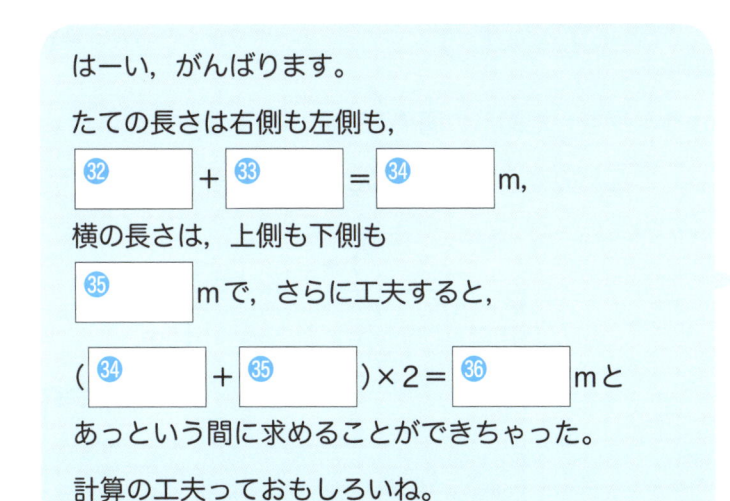

長方形でも，『凸』の形の図形でも，**2倍する**という同じような**計算の工夫**ができましたね。いきなり計算をはじめるのではなく，**式を自分で決定してから**計算するということが，やはり重要なんですね。

はい，よくわかりました。

こうた　ゆり

1-2 やってみよう

➡答えはべっさつ14ページ

図のような形をした図形の面積と，周りの長さを求めましょう。

ただし，あなたの考え方がわかるように式や図を使って説明しましょう。

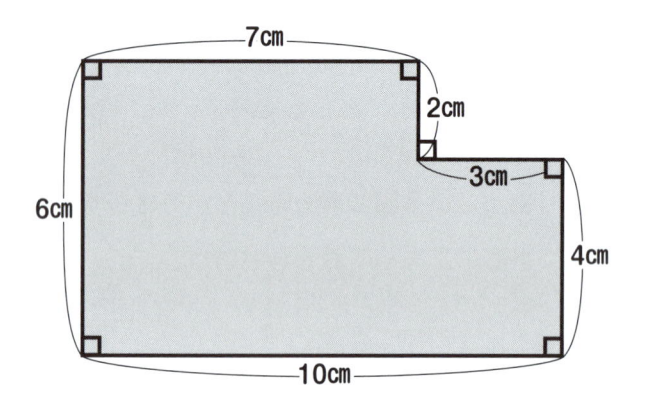

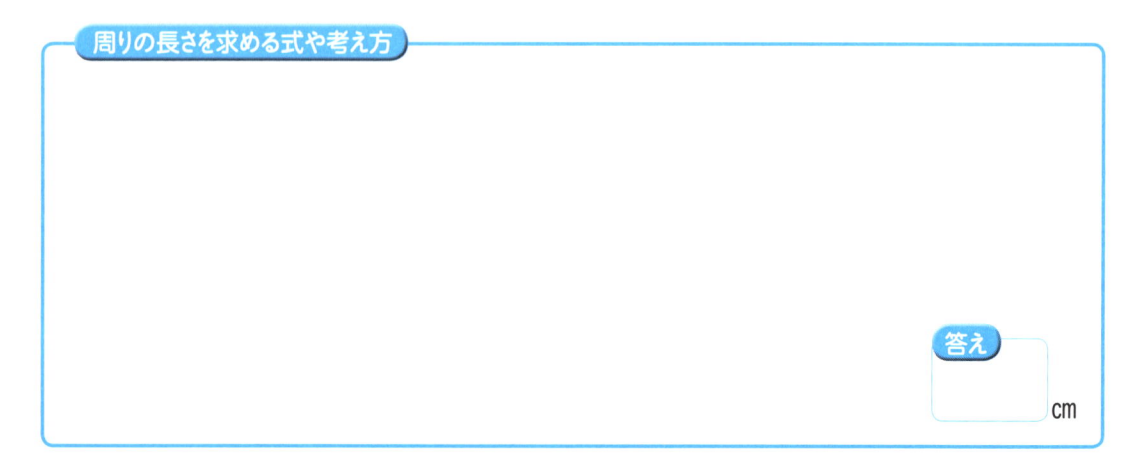

- 7cm
- 2cm
- 3cm
- 6cm
- 4cm
- 10cm

面積を求める式や考え方

答え　　　cm²

周りの長さを求める式や考え方

答え　　　cm

4回 平面図形

2 先生といっしょに取り組もう

さっきまでは凸の形の図形だったから，今度は凹の形で周りの長さを調べてみましょう。

先生，凸でも凹でも考え方は同じなんでしょ。

こうた

右の図のような形の周りの長さは，
(11 + 14) × 2 = 50（cm）かな。

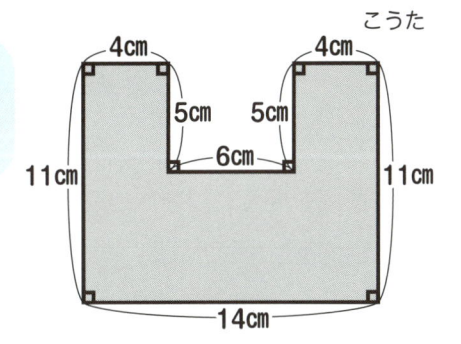

ゆり

二人とも，よく考えてみて。50cmという答えはまちがえているわ。実際には50cmではないのよ。

問題 右の図形の周りの長さを求めましょう。

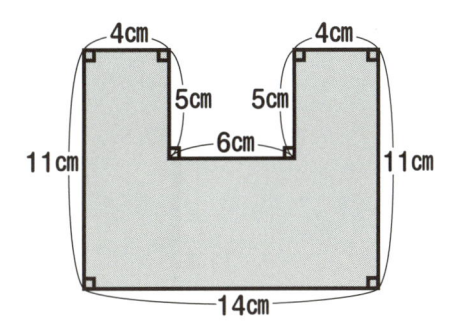

どうして答えがちがったのか，その実際に計算して**理由を考えましょう**。まずは，すべての辺の長さをたして求めてみましょうね。

ええと…,
11＋4＋ ❶ ＝ ❷ cmになった。
どこでまちがえたんだろう…。

こうた

こうたさんが求めた ❷ cmと50cmとの差は

❸ cmよね。

どの部分で ❸ cmの差が生まれたんだろう…。

ゆり

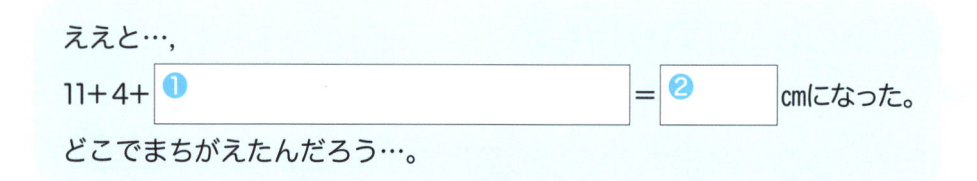

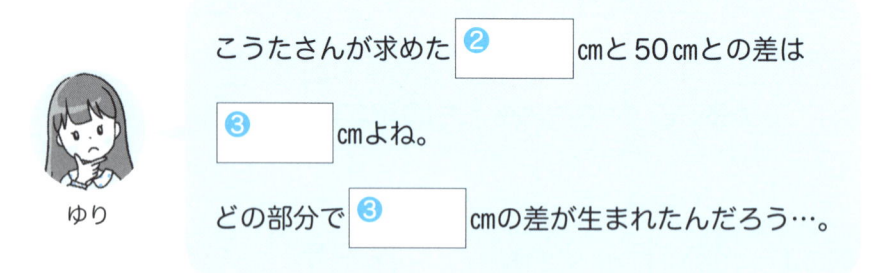

では**視点を変えて**図をかいてみましょう。
凸の図形のときみたいに，太さを変えたりしながら**かいてみる**といいと思うわ。

こうた　ゆり

図をかき直してみました！

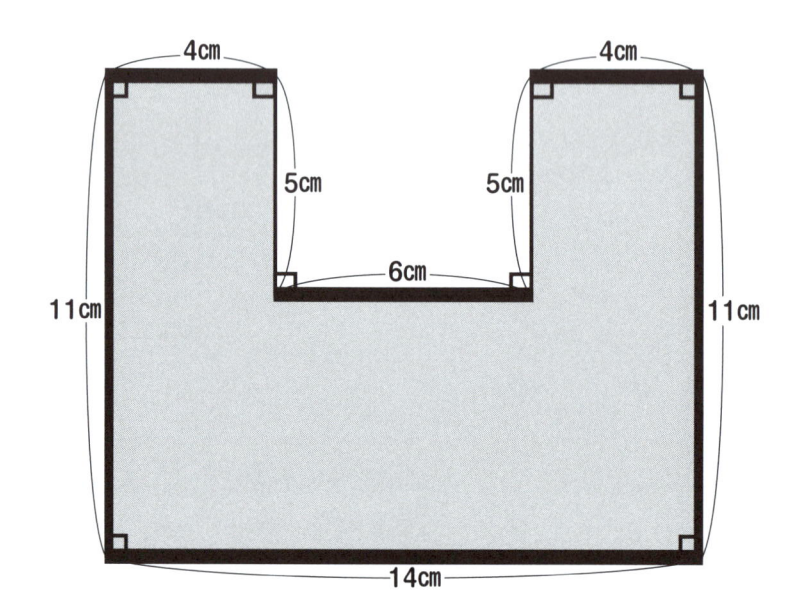

4cm　　　　　4cm
5cm　　　5cm
6cm
11cm　　　　　　　　11cm
14cm

70

4回 平面図形

こうた: たての辺を太くして，横の辺をさらに太くしてみると…，あれ？ 太さを変えていない辺も合わせると，全部で3種類の太さの辺ができたよ。

ゆり: 太さが変わっていない2本の辺の長さの合計は，❹□ ＋ ❺□ ＝ ❻□cmだからこれってもしかして…。

こうたさん，ゆりさん，いいことに気がつきましたね。
凸の図形と凹の図形では，実際に周りの長さを求めて比べてみるとちがいが見えてきますね。
同じへこんだ形でも，そのへこむ場所によって考え方が変わるということを知っておくといいわ。

ゆり: 今まで学習してきた，最後に2倍する考え方を使うと，
(11 + 14 + ❼□) × 2 = ❽□cmという式で求めることができそうね。

こうた: 図形の学習は，いろいろな工夫ができておもしろいね。大好きになっちゃった。

答え

❶ 5＋6＋5＋4＋11＋14 ❷ 60 ❸ 10 ❹ 5 ❺ 5 ❻ 10
❼ 5 ❽ 60

2-1 やってみよう

➡答えはべっさつ14ページ

次の図形の周りの長さを求めましょう。

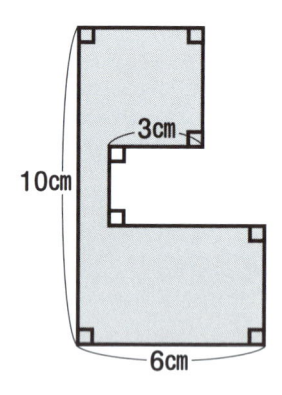

こうた: あれ？ 長さがわからない辺がいろいろあるよ。
凹を横向きにしたような形だね。

ゆり: これでは周りの長さを求めることができないわ。
何かよい方法はないかしら。

こうたさん，ゆりさん。長さがわからなくても，わかっている3種類の長さと同じ長さを作ることができないかしら？
右の図を参考に，**視点を変えて**考えてみたらどうかしら。

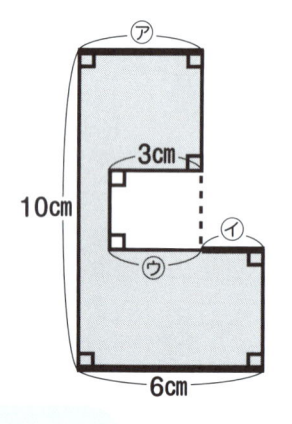

こうた: ㋐の辺と，㋑の辺を合わせると，❶ ☐ cmになることがわかったよ。
つまり，太線の辺の長さの合計は，❶ ☐ ×2＝❷ ☐ cmになるね。
これで横の辺の長さの合計を出すことができたね。

4回 平面図形

ゆり: こうたさん，横の辺はそれだけではないわよ。図をよく見て。㋒の部分が残っているから，❸□×2＝❹□cmをたす必要があるわ。

辺の長さがわからなくても，今まで学習してきたことを使って求めることができてすばらしいわ。
たての辺の長さも同じ考え方で整理すると求めることができそうね。**最後に2倍**するという考え方も忘れずに使ってまとめてみましょう。図にかきこむのもいいですね。

式や考え方

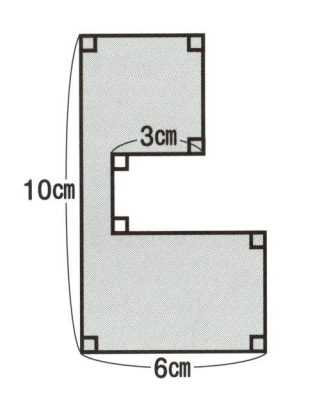

3cm
10cm
6cm

答え □ cm

チャレンジ 適性検査を体験しよう

→答えはべっさつ14〜18ページ

1 〈桐朋中学校・改〉

大,中,小3つの正方形があります。これらの正方形を右の図㋐,㋑のように並べた図形の周(太線の部分)の長さは図㋐では116cm,図㋑では124cmになります。

問1 大の正方形の1辺の長さを求めなさい。

問2 中,小の正方形の1辺の長さの差は何cmですか。

問3 大,中,小の正方形の面積の和は何cm²ですか。

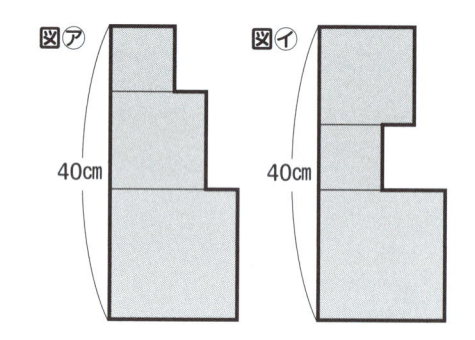

2 〈吉祥女子中学校〉

1辺の長さが12cmの正方形の紙があります。次の問いに答えなさい。

問1 図1のように,正方形の紙を2枚ずらして重ねました。ずらしてできた図形の太線部分の長さは66cmです。2枚が重なってできる四角形の面積は何cm²ですか。

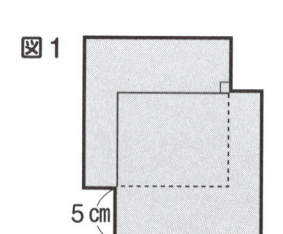

問2 図2のように,正方形の紙を3枚ずらして重ねました。ずらしてできた図形の太線部分の長さは72cmです。

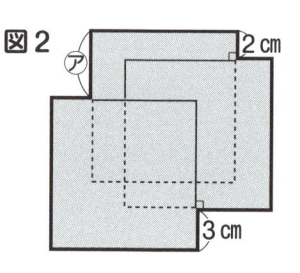

① ㋐の長さは何cmですか。
② 3枚すべてが重なってできる四角形の面積は何cm²ですか。

3 〈栃木県立中高一貫校／千代田区立九段中等教育学校・改〉

花だんの形について，生徒からデザインを募集し，決めることになりました。先生は帰りの会でクラスのみんなに呼びかけました。

[先　生] みなさんからデザインを募集します。れんがで外わくを作りますので，直線で囲まれた形にしてください。場所の広さに限りがありますので，1辺が5mの正方形の中に入るように考えてください。

3日後，いろいろなデザインが集まりました。図1はその一部です。

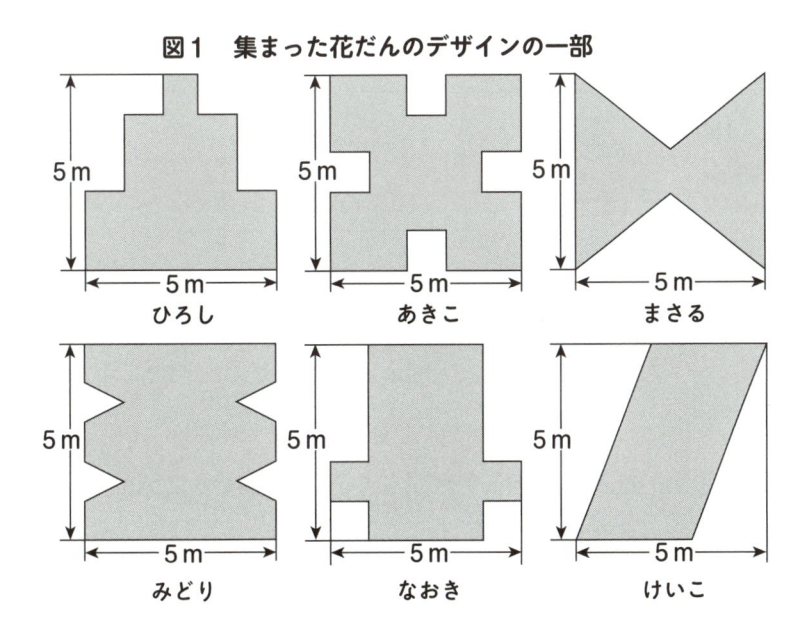

図1　集まった花だんのデザインの一部

ひろし　　あきこ　　まさる

みどり　　なおき　　けいこ

準備できるれんがの数を考えて，周りの長さが20m以内の花だんを作ることになりました。

問1　図1の中で，周りの長さが20m以内でできる花だんは，だれのデザインですか。あてはまる人の名前をすべて書きなさい。ただし，ひろしさん，あきこさん，なおきさんのデザインのすべての角とみどりさんのデザインの四すみの角の部分は，すべて直角となっています。

チャレンジ 適性検査を体験しよう

集まったデザインの中から、図2のデザインに決まりました。

決まったデザインをもとに、図3のれんがを並べて花だんをつくります。並べ方は、たて10cm、横20cmの面を上にし、れんが同士のすき間がないように並べます。直線の部分は図4、角の部分は図5のように並べます。

図2　決まったデザイン

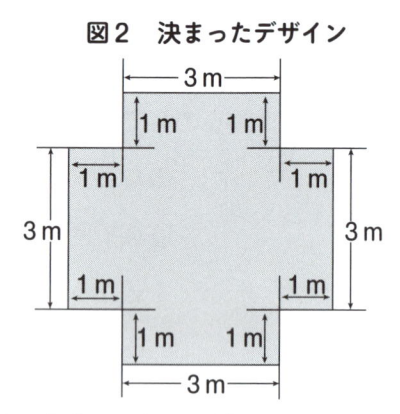

※　角の部分は、すべて直角となっている。

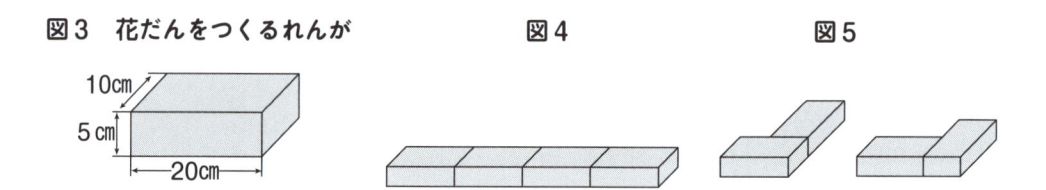

図3　花だんをつくるれんが

図4

図5

[先　生]　デザインの線の内側にれんがを並べないと、1辺が5mの正方形の中に入らないですね。実際に並べたとすると何個になるか考えてみましょう。

問2　図4、図5のようにすき間なく、図6のようにデザインの線の内側にれんがを並べて花だんをつくると、全部で何個のれんがが必要ですか。

図6　れんがをデザインの線の内側に並べる方法の例

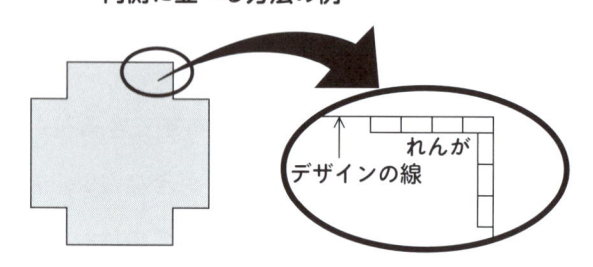

れんが
デザインの線

今度は，図7のように，ロープと木のくいを使って円形ではない花だんの形を考えることにします。外わくとなるロープを固定するために，図7の例のようにくいを打ちます。

これから考える花だんは，次の条件で設計します。

[条　件]

① 設計する花だんは1つです。
② 外わくの長さの合計はちょうど24mです。
③ くいを打ったところが，図7のように必ず角になります。
④ 下の図にある3か所の•の部分には，必ずくいを打たなければなりません。
⑤ 使うくいは7本以上12本以内です。ただし，そのうちの3本は④のとおり，打つ場所が決まっています。

図7　花だんのデザインの例

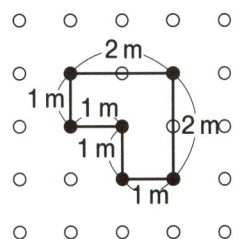

外わくの長さの合計が8m，くいが6本の場合

問3　図の中に，定規を使って，①〜⑤にあうような花だんの設計図をかきなさい。ただし，○と○の間は1mとします。

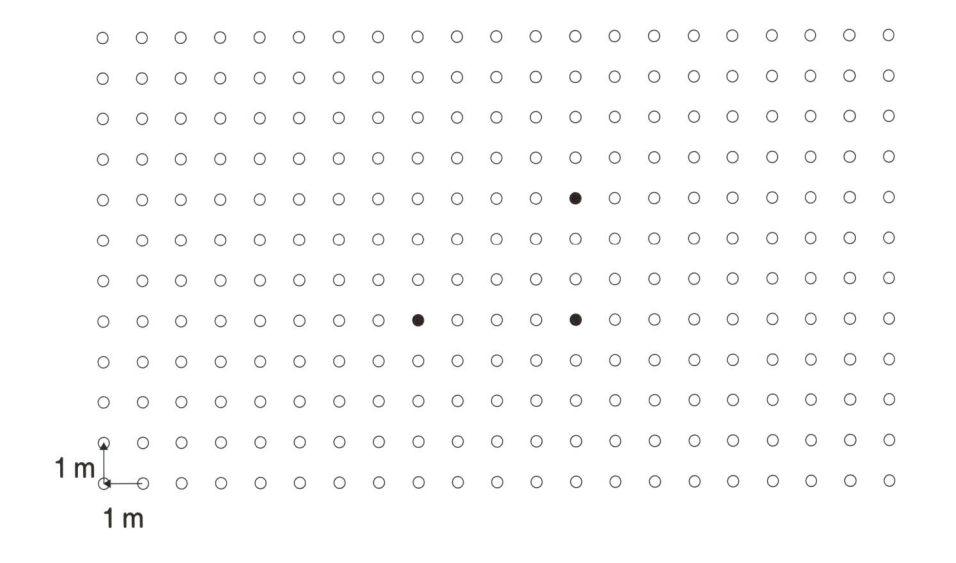

5 速さ

条件を整理する　視点を変える　因果関係をつかむ　調べる・比べる　数を操作する　つくり出す・決定する

適性検査によく出る
速さの単位かん算
速さの公式

学んだ日　月　日

教科書のまとめ

★ある一定の時間（1秒，1分，1時間など）にものがどれだけの道のりを進むかを表したものを速さという。

★1秒間に□cm進むものの速さは，「秒速□cm」または「毎秒□cm」または「□cm／秒」などと表す。

★1分間に□m進むものの速さは，「分速□m」または「毎分□m」または「□m／分」などと表す。

★1時間に□km進むものの速さは，「時速□km」または「毎時□km」または「□km／時」などと表す。

教科書の内容が使えるか確かめよう

❶ 1時間に60km進む車の速さは時速何kmですか。　時速　　km

❷ 分速80mで歩く人は，何分で80m進みますか。　　　分

❸ 10秒間に13cm進むカタツムリは，40秒で何cm進みますか。　　　cm

❹ 3分で210m進む人は，1050m進むのに何分かかりますか。　　　分

答え　❶60　❷1　❸52　❹15

5回 速さ

1 先生といっしょに取り組もう

こうたさんとゆりさんはきのう見たテレビの話をしているようです。

こうた: きのう見たテレビで「ノウサギは敵からにげるときに１分で1200m走ることもある」と言っていたんだけど，どのくらいの速さなんだろう。

ゆり: 私は陸上の女子400m走を見ていたんだけど，400mを50秒で走る選手が出ていたわ。世界記録まであと少しだったみたい！
２つの速さを比べてみましょうよ。

こうた: でも走った距離もかかった時間もちがうから，今のままではどちらが速いかはわからないよ。

先生: 二人ともおもしろそうなことを考えたのね。
ものの速さを比べるときは，何か条件をそろえる必要がありましたね。

ゆり: 走った距離をそろえればいいんじゃないでしょうか。
走った距離が同じであれば，かかった時間が
{ ① 短い ・ 長い } 方が速いということですよね。

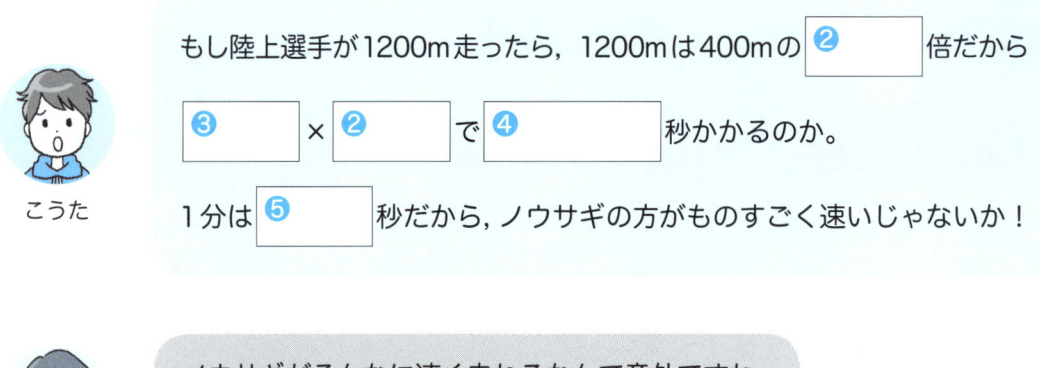

こうた：もし陸上選手が1200m走ったら，1200mは400mの❷□倍だから

❸□ × ❷□ で ❹□ 秒かかるのか。

1分は ❺□ 秒だから，ノウサギの方がものすごく速いじゃないか！

ノウサギがそんなに速く走れるなんて意外ですね。
では今度は時間をそろえて比べてみましょう。

走るのにかかる時間が同じなら，走った距離が
❻（ 短い ・ 長い ）方が速いといえます。

こうた

では1秒あたりに進む距離を求めて，2つの速さを比べてみましょう。

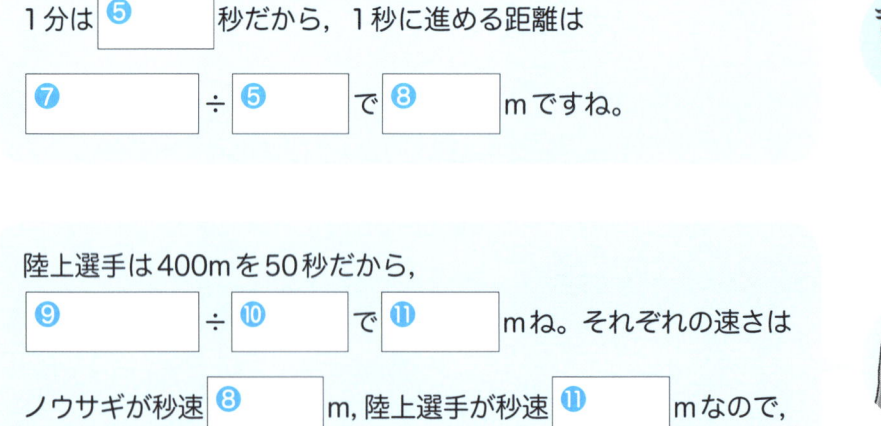

ノウサギが1分で1200m進むということは，

1分は ❺□ 秒だから，1秒に進める距離は

❼□ ÷ ❺□ で ❽□ mですね。

こうた

陸上選手は400mを50秒だから，

❾□ ÷ ❿□ で ⓫□ mね。それぞれの速さは

ノウサギが秒速 ❽□ m, 陸上選手が秒速 ⓫□ mなので，

たくさん進めるノウサギの方がやっぱり速いんですね。

ゆり

5回 速さ

2人ともよくできたわね。
このように速さは，⑫〔　　　　　　　〕を
⑬〔　　　　　　　　　〕でわることで求めることができますよ。

ポイント

速さは，単位時間あたりに進む道のりで表します。

　　速さ＝道のり÷時間

進んだ道のりとかかった時間は，それぞれ次のように求められます。

　　道のり＝速さ×時間

　　時間＝道のり÷速さ

同じ速さで動くとき，長い時間走れば走るほど遠くまで行けるので，時間と道のりは⑭〔　　　　　〕の関係になるんですね。

ゆり

そのとおりです。ではここで，次の問題に取り組んでみましょう。

問題 分速250mで1時間20分走ると，何km進めますか。

距離を問われているから速さと時間をかければいいんだ！

こうた

速さの問題では単位がポイントになりますよ。
分速250mの意味をよく考えてみましょう。

ゆり: 分速250mは〔⑮　　　　　　　〕という意味なので，時間の単位を「分」に直して考えればいいんですね。

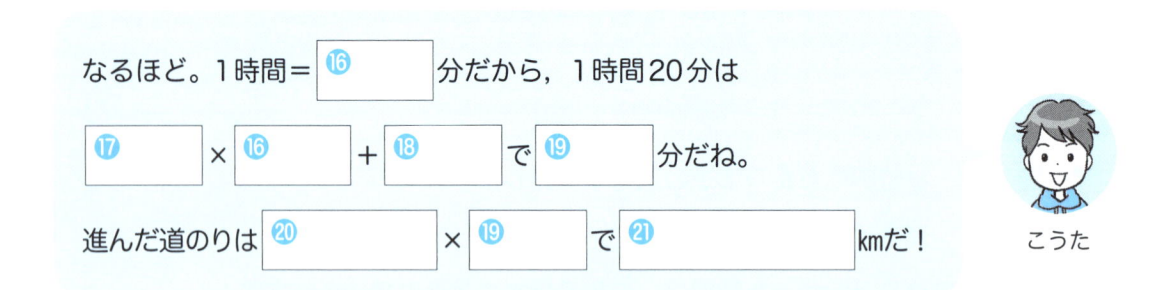

こうた: なるほど。1時間＝⑯□分だから，1時間20分は

⑰□ × ⑯□ ＋ ⑱□ で ⑲□ 分だね。

進んだ道のりは ⑳□ × ⑲□ で ㉑□ kmだ！

こうたさん，それでは地球の裏側まで行けてしまいますよ。今求めた道のりの単位は〔㉒　　〕ですよ。気をぬかず，がんばりましょう。

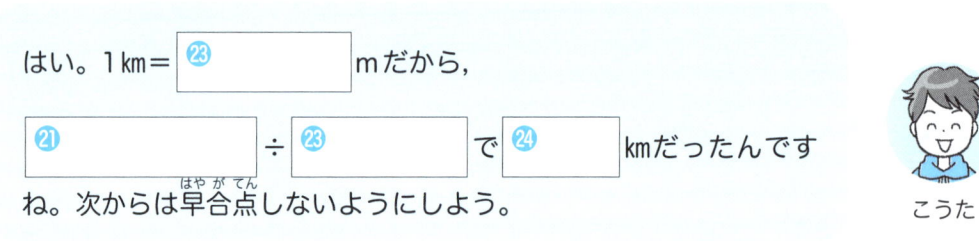

こうた: はい。1km＝㉓□mだから，

㉑□ ÷ ㉓□ で ㉔□ kmだったんですね。次からは早合点しないようにしよう。

答え

❶短い　❷3　❸50　❹150　❺60　❻長い　❼1200
❽20　❾400　❿50　⓫8　⓬進んだ道のり　⓭かかった時間
⓮比例　⓯1分間に250m進む　⓰60　⓱1　⓲20　⓳80
⓴250　㉑20000　㉒m　㉓1000　㉔20

1-1 やってみよう

➡答えはべっさつ19ページ

次の□にあてはまる数を，(1)(2)の順に求めましょう。

> 時速4.2kmで20分歩くと，□m進みます。

(1) 時速4.2kmを「分速○○m」の形に直しましょう。

(2) □にあてはまる数を求めましょう。

ゆり：まずは(1)ね。時速4.2kmは❶（　　　　　　　　　　）という意味だけど，それを「1分」で「何m」進めるか，に直すのね。

こうた：比例の関係を使えばいいんだね。
まず1時間で何m進めるかを求めて，次に1分だったら…と考えると

❷ 式や考え方

答えは分速 ❸ 　　　 mだ！

ゆり：私もそうなったわ！　もう(2)は簡単ね。

❹ 式

答えは ❺ 　　　 mになります。

2 先生といっしょに取り組もう

こうたさんとゆりさんはきのうの夕方の出来事を話しています。

こうた: ゆりさん、きのうのことなんだけど、ぼくはゆりさんよりも何分早く公民館に着いたのかな。

ゆり: 校門の前で私と会って、そのあと二人とも公民館に行ったけれど、私は自転車を置きにいったん家に寄ってから向かったんだったわね。

二人のきのうの様子を、こんな問題にして考えてみましょうか。

問題

ゆりさんとこうたさんが、公民館に向かうときの区間と道のりは、下の図のとおりです。

- 区間1 3 km
- 区間2 3.25 km
- 区間3 1.08 km

ゆりさんは、区間1を時速18kmで自転車に乗って進み、区間2を分速125mで走って公民館に向かいました。こうたさんは、区間3を秒速90cmで歩き、公民館に向かいました。

こうたさんはゆりさんより何分早く公民館に着きましたか。

ただし、二人は学校を同時に出発し、それぞれ一定の速さで進んだものとします。なお、ゆりさんが家に寄った時間は、5分間でした。

5回 速さ

こうた: たくさん単位が出てきて頭がぐちゃぐちゃになるなぁ。

先生: そういうときは問題文に注目しましょう。今回は，道のり，速さ，時間の3つの量が出てきます。わかっているものを表にまとめてみましょう。

ゆり: こうでしょうか。

	区間1	区間2	区間3
道のり	3km	3.25km	1.08km
速さ	時速18km	分速125m	秒速90cm
時間			

先生: 求めたいものはこの3つの量のうちどれでしょう。

こうた: ❶〔　　　　　〕で，単位は❷〔　　　　　〕で答えます。速さの問題だから単位がポイントなんですよね。

先生: よく覚えていたわね。

ゆり: あ，なら，区間❸□の速さがそのまま使えそうですね。ここから，道のりは❹〔　　　　　〕という単位，時間は❺〔　　　　　〕という単位，速さはこの2つを組み合わせた単位に統一（とういつ）すればいいこともわかります。

そのとおり。ではさっそく，道のりの単位を統一しましょう。

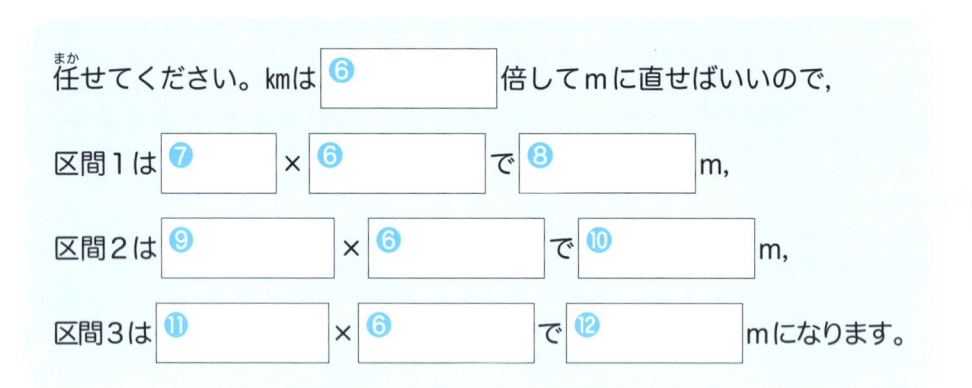

任せてください。kmは ❻ 倍してmに直せばいいので，

区間1は ❼ × ❻ で ❽ m,

区間2は ❾ × ❻ で ❿ m,

区間3は ⓫ × ❻ で ⓬ mになります。

次は速さを統一してみましょう。

はい。区間1の時速18kmは，（ ⓭ ）

という意味です。1時間は ⓮ 分なので，

⓯ × ❻ ÷ ⓮ = ⓰ で

分速 ⓰ mです。

また区間3の秒速90cmは（ ⓱ ）と

いう意味で，1分は ⓲ 秒，1mは ⓳ cmなので，

⓴ × ⓲ ÷ ⓳ = ㉑ ,

分速 ㉑ mとなります。

5回 速さ

すべての単位を統一することができましたね。
もう一度，表に整理してみましょう。

	区間1	区間2	区間3
道のり	❽　　　m	❿　　　m	⓬　　　m
速さ	⓰分速　　m	分速125m	㉑分速　　m
時間			

すごく計算がしやすくなりましたね！
これでそれぞれの区間にかかった時間が求められるぞ。

区間1にかかった時間は ❽　　 ÷ ⓰　　 で ㉒　　分，

区間2は ❿　　 ÷125で ㉓　　分，

区間3は ⓬　　 ÷ ㉑　　 で ㉔　　分ですね。

あとは区間1と2をたした時間から，区間3の時間を引けば終わりだ。

待って，こうたさん。私は家に5分間寄ったのよ。

そうだった。またやっちゃった。答えを出すための式は，

㉕　　　　　　　　　　　　　　となるから，ぼくはゆりさんよりも ㉖　　分早く着いていたんだね。

よくできましたね。
このように条件が複雑なときも，条件を整理して，速さと道のりと時間の3種類の量の単位を統一すると，考えやすくなりますよ。

はい，よくわかりました。

こうた　ゆり

ポイント

時速，分速，秒速の関係

時速，分速，秒速は単位時間あたりの道のりを示しています。道のりの単位が同じならば，それぞれの関係は次のようになります。

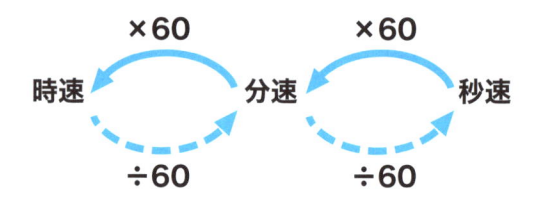

$$時速 \underset{\div 60}{\overset{\times 60}{\rightleftarrows}} 分速 \underset{\div 60}{\overset{\times 60}{\rightleftarrows}} 秒速$$

答え

❶時間　❷分　❸2　❹m　❺分　❻1000　❼3　❽3000
❾3.25　❿3250　⓫1.08　⓬1080　⓭1時間に18km進む　⓮60
⓯18　⓰300　⓱1秒間に90cm進む　⓲60　⓳100　⓴90
㉑54　㉒10　㉓26　㉔20　㉕10＋26＋5－20＝21　㉖21

2-1 やってみよう

→答えはべっさつ19ページ

よしきさんは，放課後，校門の前で，ひろしさんに会いました。

よしき：ひろしさん。ぼくは，これからみかさんの家に遊びに行くんだ！

ひろし：ぼくもみかさんに呼ばれていて，自分の家に寄ったあと，みかさんの家に行くつもりだよ。じゃあ，あとでね。

よしきさんとひろしさんが，みかさんの家に向かうときの区間と道のりは，図のとおりです。

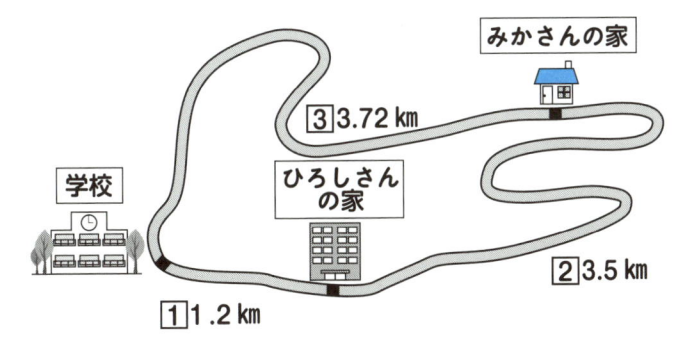

（図：学校 → ①1.2km → ひろしさんの家 → ②3.5km → ③3.72km → みかさんの家）

ひろしさんは区間1を毎秒100cmで歩き，区間2を時速15kmで進む自転車に乗ってみかさんの家に向かいます。

よしきさんが，ひろしさんにおくれることなくみかさんの家にとう着するためには，区間3を分速何m以上で進めばよいでしょうか。ただし，ひろしさんは自分の家に6分間寄るものとします。

ゆり：まずは道のり，速さ，時間の3つの量のうち，わかっているものを表にまとめてみましょう。

	区間1	区間2	区間3
道のり	1.2km	3.5km	3.72km
速さ	毎秒100cm	時速15km	
時間			

今回は3つの量のうちの❶〔　　　　　〕を❷〔　　　　　〕という単位で答えるんだね。

わかっている道のりの単位を❸〔　　　　　〕に統一してみよう。

それから時間の単位が❹〔　　　　　〕になることを意識して、速さの単位を❷〔　　　　　〕に統一してみると、下の表のようになるね。

❺ 式と答え

	区間1	区間2	区間3
道のり	❻　　　m	❼　　　m	❽　　　m
速さ	❾ 分速　　m	❿ 分速　　m	
時間			

これで，ひろしさんがみかさんの家に向かうまでにかかる時間の合計が求められるわね。

❶ 式と答え

ゆり

こうた
ここまでは順調だけど，区間3はわからないものが多いね。3種類の量のうち，あと時間がわかればいいんだけど…。

そんなときは，問題文をわかりやすい表現（ひょうげん）に置きかえてみましょう。「おくれることなく」ということは，よしきさんはおそくともいつ着く必要があるのでしょうか。

ゆり
おそくとも同時に着かないと，ひろしさんにおくれてしまいますね。

それなら出せるよ！

⓬ 式

答えは，分速 ⓭ ☐ m以上になります。

こうた

よくできました！

チャレンジ 適性検査を体験しよう

→答えはべっさつ19〜21ページ

1 〈京都府立洛北高等学校附属中学校〉

6年生が修学旅行に出かけます。目的地は学校から210kmはなれています。6年1組のバスは時速40kmで進みます。6年2組のバスは秒速10mで進みます。このとき，問1・問2の課題に取り組みましょう。

問1 6年1組のバスは何時間何分で目的地にとう着しますか。

問2 どちらのクラスのバスが何分早く目的地にとう着しますか。
また，どのようにして求めたかを式や図や言葉でかきましょう。

2 〈長野県中高一貫校〉

愛さんは，友だちと神社のお祭りに行く約束をしました。

愛さんは，神社で友だちと午後3時に待ち合わせました。家から神社までの道のりは840mです。愛さんは，家から学校までの道のり1.5kmを，いつも25分で歩きます。家から学校までと同じ速さで歩くものとすると，おそくとも午後何時何分に家を出ればよいか求めなさい。

3 〈さいたま市立浦和中学校〉

太郎くんと花子さんの家族は，冬休みを利用して「家族スキー教室」に参加しました。太郎くんはスキー活動やレクリエーションを楽しみにしています。最初にスキーをすることになり，太郎くんは「スキー場のパンフレット」を開いて，花子さんにスキー場の案内をすることになりました。

次のページの「スキー場のパンフレット」をもとにして，問1〜問3に答えなさい。

5回 速さ

〈スキー場のパンフレット〉

・スキー場ではＡ地点からＢ地点まで行くのに１号リフト機（３人乗り）を使います。
・Ｃ地点からＤ地点まで行くのに２号リフト機（２人乗り）を使います。
・Ｅ地点からＦ地点まで行くのに３号リフト機（４人乗り）を使います。
・それぞれのリフト機の乗りつぎには歩いて５分かかります。

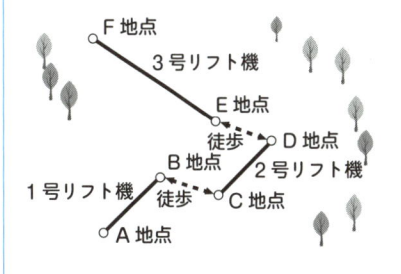

	長さ	速さ	運転開始時刻
１号リフト機	600m	分速60m	午前８時00分
２号リフト機	600m	分速40m	午前８時15分
３号リフト機	1200m	分速80m	午前８時50分

※リフト座席とリフト座席の間かくは，どのリフト機も10mです。

問1 運転開始時刻から午前８時20分までにＢ地点には最大何人がとう着できますか。人数を答えなさい。

問2 ３号リフト機の運転開始時刻には，Ｅ地点で最大何人が待つことになりますか。人数を答えなさい。なお，全員がＦ地点まで行くものとします。

問3 午前９時７分にＦ地点には最大何人がとう着できますか。人数を答えなさい。

6 立体図形

条件を整理する　視点を変える　因果関係をつかむ　調べる・比べる　数を操作する　つくり出す・決定する

適性検査によく出る
立方体・直方体
体積・表面積

学んだ日　月　日

教科書のまとめ

★6つの正方形でかこまれた立体を立方体という。

★長方形と正方形，または長方形だけでかこまれた立体を直方体という。

★立方体の体積……1辺×1辺×1辺

★立方体の表面積……1辺×1辺×6
　　　　　　　　　（正方形の面積×6）

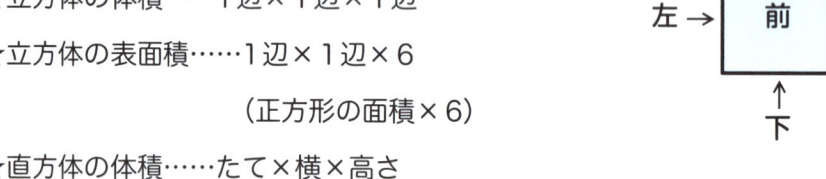

★直方体の体積……たて×横×高さ

★直方体の表面積……（たて×横＋横×高さ＋高さ×たて）×2

教科書の内容が使えるか確かめよう

❶ 1辺3cmの立方体の体積を求めましょう。　　□ cm³

❷ 1辺5cmの立方体の表面積を求めましょう。　　□ cm²

❸ たての長さが2cm，横の長さが4cm，高さが3cmの直方体の体積を求めましょう。　　□ cm³

❹ たての長さが3cm，横の長さが5cm，高さが2cmの直方体の表面積を求めましょう。　　□ cm²

答え　❶27　❷150　❸24　❹62

6回 立体図形

1 先生といっしょに取り組もう

問題 次のように同じ大きさの立方体を8個積み上げた立体があります。

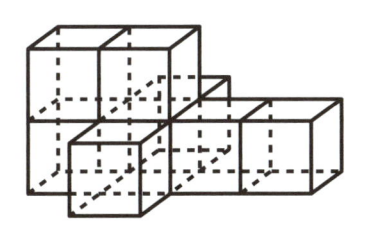

次の①〜③方向から見た図をそれぞれかきましょう。

①真正面から見た図
②右真横から見た図
③真上から見た図

問題に取り組む前に，こうたさんとゆりさんはいろいろなものに光を当ててかげをスクリーンに映し，それを見て何のかげなのかを当てるゲームをしました。

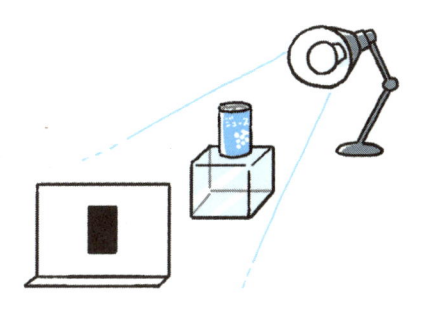

二人とも，この絵は何だかわかりますか。

こうた: あ，かげ絵ですね。イヌとウサギと……。

ゆり: アヒルとカニとカタツムリじゃないかしら。かわいいわね。私もやってみたいな。

先生: こうたさん，ゆりさん，かげ絵は正面から見たかげだけど，今日はいろいろな方向から映したかげを考えてみましょう。
視点を変えることが必要よ。

真正面

先生: これは真正面から映したかげよ。何を映したのかわかりますか。

ゆり: かげの形が〔❶　　　　　　　〕なので，何かの箱とかじゃないですか。

こうた: 物を当てるのに，1方向だけのヒントでは，よくわからないよ。

先生: そうね。ではヒントをもう1つ。この図は右真横から見たかげよ。ふふふ。

右真横

こうた: 先生，同じですけど…。

ゆり: でも、やっぱり箱のイメージは正しかったね。こういった立体は〔❷　　　　　　〕と呼ばれています。

ゆりさん、まだ決めつけるのは早いわよ。立体図形の正しいイメージをとらえるには、もう1方向からの情報もなければならないのよ。

ゆり: 真正面と右真横があったので、もう1方向は…。

こうた: 〔❸　　　　〕だね。早く教えて。

こうたさん、あわてないあわてない。〔❸　　　　〕からのかげは右よ。3つのかげを比べてみてね。

こうた: ちょっと待ってください。先生、トイレ行っていいですか。

しばらくすると、こうたさんがもどってきました。

こうた: 先生、答えは〔❹　　　　　　　　〕ですね。トイレでわかりました！

立体図形のイメージを正しくとらえるには，前後，左右，上下という方向から見て**調べる**ことが大切よ。
では，その3方向を意識（いしき）しながら，問題にかかれていた立体について考えていきましょう。

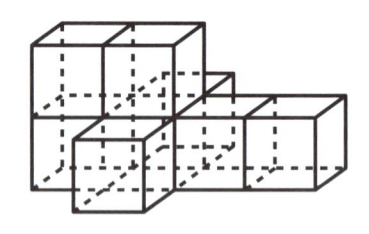

こうた
前から見た図はかけそうだけど，後ろから見た図をかくのはむずかしそうだな。

こうたさん。立方体が手前と奥（おく）にもあることででこぼこしているけど，平面の図形の周りの長さのように考えると，実は前から見た図も後ろから見た図も同じ個数（こすう）だけあるように見えると思うわ。

ゆり

ゆりさん。平面と立体という**異（こと）なるものを同じ視点（してん）で見る**ことができたのは本当にすばらしいことだわ。
では，「真正面から見た図」「右真横から見た図」「真上から見た図」をかいていきましょう。

❺ 真正面から見た図

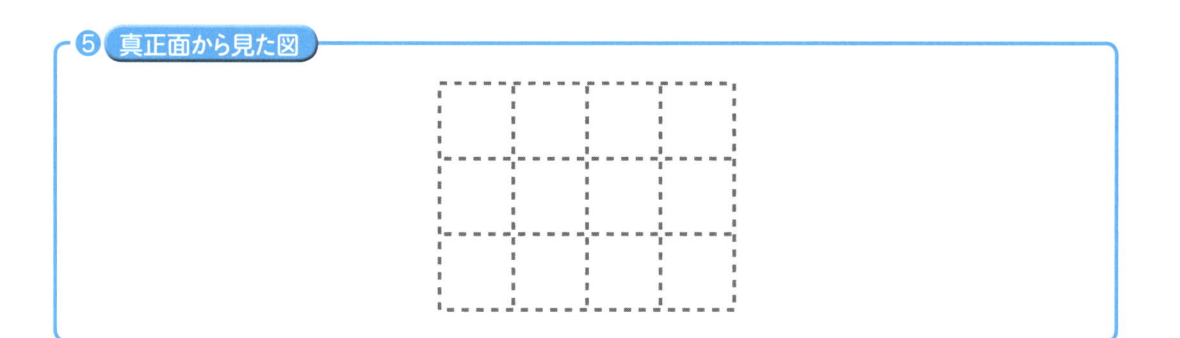

真正面から見た図を実際にかいてみると，立方体が ❻ 個分だけ見えることがわかったよ。

こうた

❼ 右真横から見た図

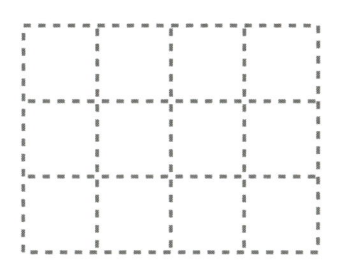

右真横から見た図では，8個のうち実際には ❽ 個分しか見えないのね。

ゆり

❾ 真上から見た図

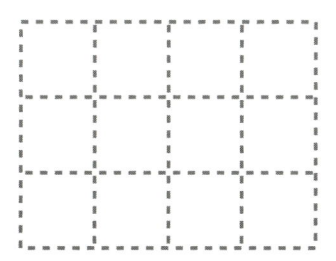

ゆり: 真上から見た図では，⑩□個あるように見えるのね。
真上から見た図までかいてみると，3種類ともぜんぜん見え方がちがうことがわかるわ。

立方体を積み上げた立体だけではなく，立体図形を平面の図で表すときには，前後，左右，上下という3方向から**調べて**，その様子を比べることが大切よ。

こうた・ゆり: はい，わかりました。

ポイント

このように，立体図形を平面の図で表すとき，真正面から見た図と真上から見た図を組にして示した図のことを**投影図**と呼んでいます。

答え

❶長方形　❷直方体　❸真上　❹トイレットペーパー　❺下の図
❻6　❼下の図　❽4　❾下の図　❿6

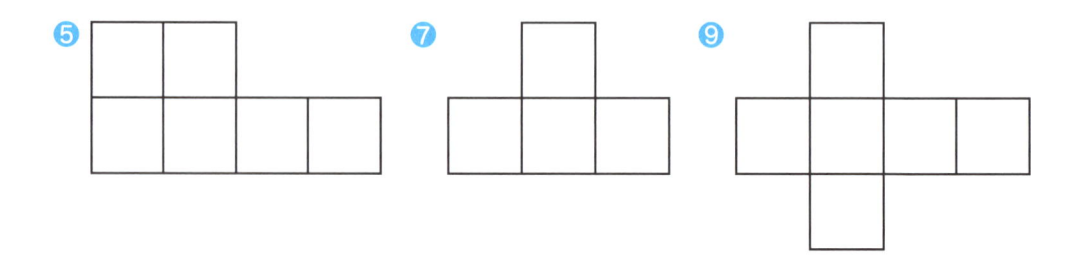

6回 立体図形

➕ 1-1 やってみよう
→答えはべっさつ22ページ

次のように同じ大きさの立方体を8個積み上げた立体において，次の方向から見た図をかきましょう。

① 真正面から見た図
② 右真横から見た図
③ 真上から見た図

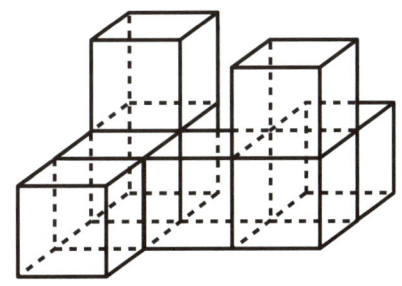

❶ 真正面から見た図

答え

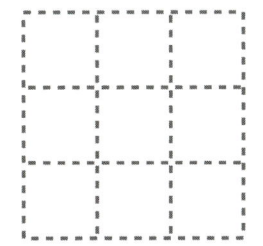

❷ 右真横から見た図

答え

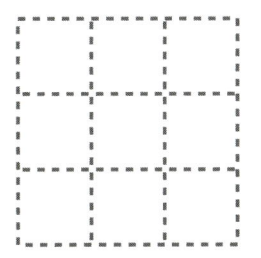

❸ 真上から見た図

答え

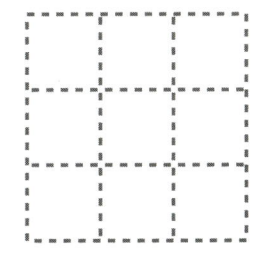

2 先生といっしょに取り組もう

問題 1辺が1cmの立方体を積み重ねて立体を作りました。下の図はその立体を3方向から見た図です。考えられる立体が最も多い場合は何個ですか。

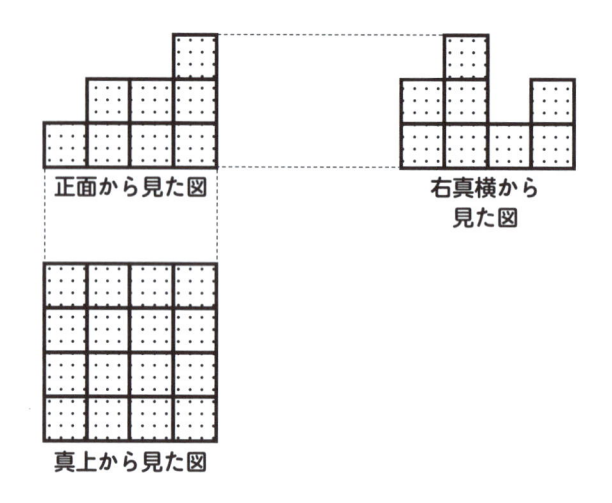

正面から見た図　　　右真横から見た図

真上から見た図

今までは，立体の見取り図を見て，真正面，右真横，真上からどのように見えるかを考えてきました。この後は，その逆の作業をしますよ。真正面，右真横，真上から見える様子を**比べる**ことで，実際に立体がどのようになっているかを考えましょう。

何だか想像するのがむずかしそうね。
ゆり

みんなでいっしょに考えたら，きっとわかるよ。がんばろう!!!
こうた

まずは，真上から見た図に注目すると ❶ 個あるように見えるので，❷ 段目は ❶ 個積んであることがわかりました。
ゆり

6回　立体図形

> 3方向から見た図すべての条件が合うように考えるためにも，真上から見た図に対して，下のように図に書きこみをしていくといいですよ。

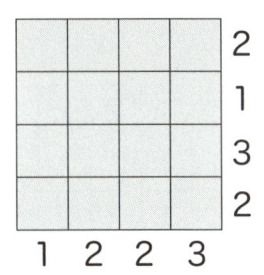

```
            2
            1
            3
            2
1 2 2 3
```

> この図はどうやって使えばいいんですか？書いてある数字は何を表しているのかな。
> ——こうた

> 正面から見たときと，右真横から見たときにその列が何個見えるかという情報が書いてあると思うわ。
> ——ゆり

> ゆりさん，正解よ。このあと，実際に何個積まれているのかを考えて個数を書きこんでいきましょう。

> まずは，1とかいてある列からうめていこうっと。だって，その列には，❸□個しか積むことができないとわかるからね。
> ——こうた

> こうたさん，すごーい！
> それだけでもかなりわかるんじゃないのかな。
> ——ゆり

ゆりさんは，わかったところまで数字を記入してみました。

```
1         2
1 1 1 1   1
1         3
1         2
1 2 2 3
```

103

二人とも，いい調子よ。
1の列を書いたのと同じ視点で，2が書いてある列，3が書いてある列…と順番に作業していきましょう。

よーし，2の列もこうだね。

こうた

1	2	2	2	2
1	1	1	1	1
1	2	2		3
1	2	2	2	2
  1   2   2   3

こうたさん，どうせなら最後までうめてしまえばよかったのに。
全部うめると，これは最も多い場合の積み方になりそうね。1が❹　　個，2が❺　　個，3が❻　　個だから全部で❼　　個となるわ。

ゆり

ゆりさん，計算してくれてありがとう。

こうた

二人とも、とても上手に条件を整理できましたね！

答え

❶16　❷1　❸1　❹7　❺8　❻1　❼26

6回 立体図形

➕ 2-1 やってみよう

➡答えはべっさつ22ページ

各面を黒くぬった，一辺1cmの立方体を，すきまなく積み上げて作った立体があります。下の図は，この立体を真上，正面，右真横から見た図です。個数が最も多くなる場合，一辺1cmの立方体は何個ありますか。下の図を使って考えましょう。

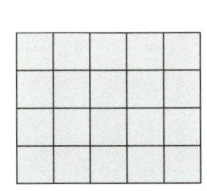

真上から見た図 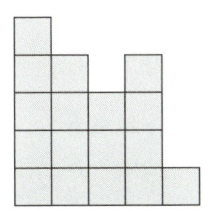　　正面から見た図 　　右真横から見た図

こうた　ゆり

❶ 最も多い場合

❷ 答え　　個

チャレンジ 適性検査を体験しよう

→答えはべっさつ22～25ページ

1 〈東京都立武蔵高等学校附属中学校〉

次の4人が積み木を見ながら話し合っています。

[あきお] ここに立方体の積み木がたくさんあるけれど，これを使ってほかにも対称な立体図形を作れるかな。

[はるき] この積み木を，接着ざいではり合わせて作ってみようよ。

[なつよ] おもしろそう。やってみましょうよ。

4人は立方体の積み木でできた図1から図3までの立体図形をいくつか組み合わせて，5段の立体図形を作りました（図4）。

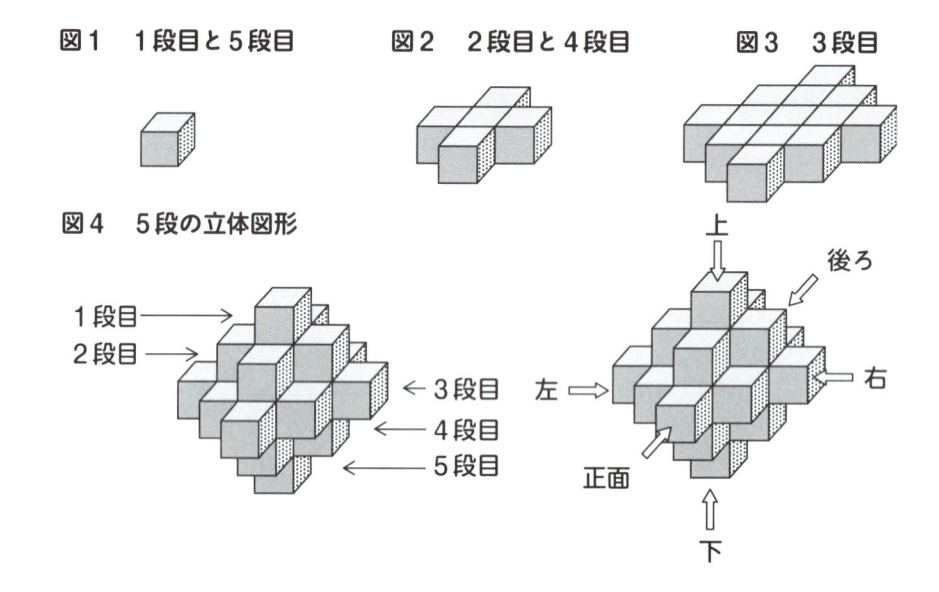

図1　1段目と5段目
図2　2段目と4段目
図3　3段目

図4　5段の立体図形

[あきお] この立体図形は，正面から見ても，後ろから見ても，また，上下左右のどちらから見ても同じ形に見えるよ。

[なつよ] 図4と同じような形でもっと大きな立体図形を作ってみたいね。

[はるき] 図4と同じようにして9段の立体図形を作るとしたら，積み木は何個必要かな。

[ふゆみ] 計算してみると，129個になるわ。

[はるき] どのように計算をして考えたの。

問　ふゆみさんは，「計算してみると，129個になるわ。」と言い，はるきくんは，「どのように計算をして考えたの。」と言っています。あなたがふゆみさんなら，どのように説明しますか。言葉と式とを使って答えなさい。ただし，必要ならば図をかいてもかまいません。

2　〈高知県立中高一貫校〉

よしみさんは，同じ大きさの立方体の積み木を5個使って，立体Aを作り，その立体Aを正面，右真横，真上から見た図をかくと，その図から立体の形がわかることに気づきました。よしみさんは，もっとたくさんの積み木を使った立体B・Cについて考えてみました。このことについて，次の問いに答えなさい。

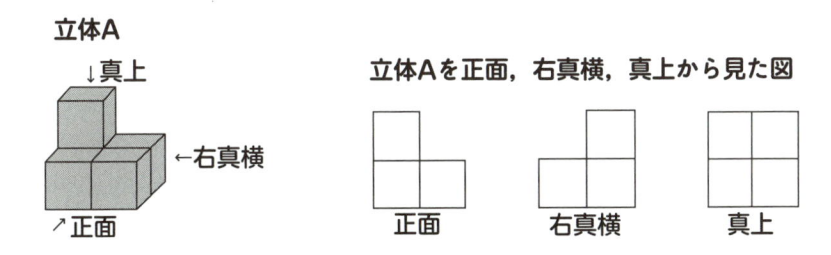

問1　次の図1は，立体Bを正面，右真横，真上から見たときの図です。この図から考えられる立体Bはいくつかあります。立体Bでいちばん多く積み木が使われている場合の積み木の個数を求めなさい。

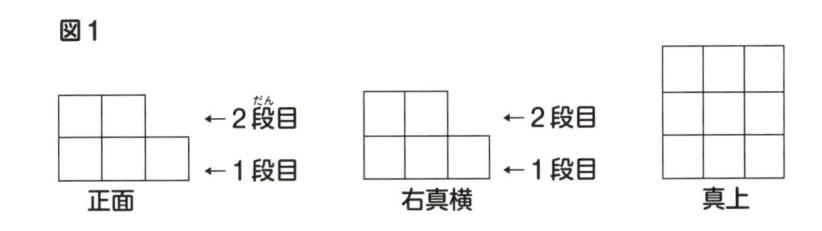

チャレンジ 適性検査を体験しよう

問2 次の文の ア ～ ウ にあてはまる数を書きなさい。

次の図2で表される立体Cを積み木10個で作り，その表面全体（底面もふくむ）を青くぬり，その後，積み木をくずしました。このとき，3つの面が青くぬられている積み木は ア 個あり，4つの面が青くぬられている積み木は イ 個あり，5つの面が青くぬられている積み木は ウ 個あります。

図2

正面　　右真横　　真上

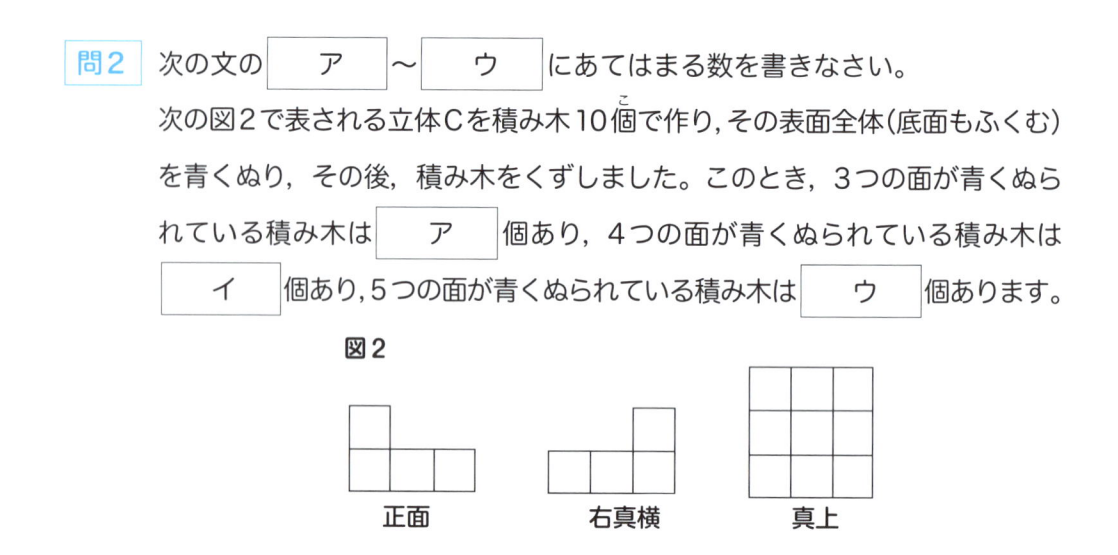

3 〈千葉県立千葉中学校〉

みおさんは，駅前で写真1のようなオブジェ（造形物）を見て，卒業制作で立方体のかざりを作ろうと考えました。

写真1

同じ大きさのとう明な立方体と黒く不とう明な立方体を積み重ねてはりつけ，大きな立方体にします。

このとき，とう明な立方体の後ろに黒い立方体があると，すけて黒い立方体が見えます。たとえば，図1のように27個のうち中心の1個を黒にして立方体を作ると，図2で示した，上・正面・左・右など，6つの方向から見た面はどれも図3のように見えます。あとの問いに答えなさい。

6回 立体図形

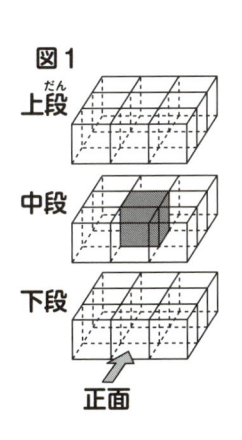

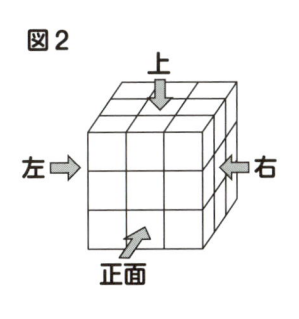

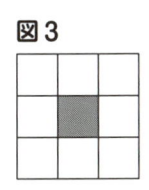

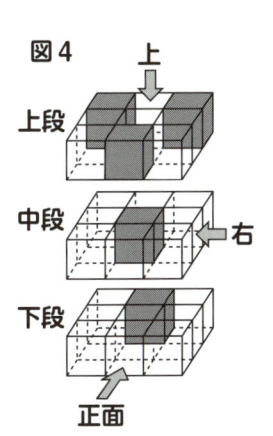

図1 上段／中段／下段　正面

図2 上／左／右／正面

図3

図4 上／上段／中段／右／下段／正面

問1 図4のように小さな立方体27個のうち5個を黒にして立方体を作ります。できた立体を上・正面・右から見ると、それぞれどのように見えますか。下の図に、黒く見える場所をぬりなさい。

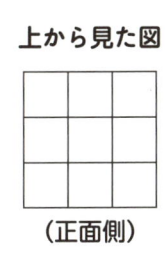

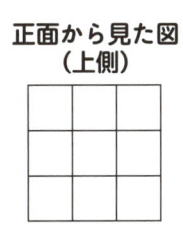

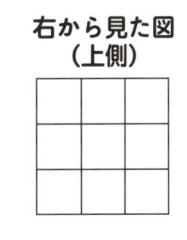

上から見た図　　正面から見た図（上側）　　右から見た図（上側）

（正面側）

チャレンジ 適性検査を体験しよう

問2 小さな立方体27個で、6つの方向から見た面がどれも図5のように見える立方体を作ります。使う黒い立方体の個数が**最も少ない**場合の黒の個数を書きなさい。

図5

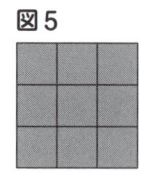

みおさんは自分の姓が田口なので、どの面を見ても「田」、「口」の文字に見える立方体を作ることにしました。

問3 まず、6つの方向から見た面がどれも図6のように見える、1辺に小さな立方体が5個並んだ立方体を作りました。
使う黒い立方体の個数が最も多い場合の配置はどのようになりますか。できた立体を上から見た1段目(上段)、2段目…5段目(下段)に分け、このうちの2〜4段目を、次の表し方に従って示しなさい。

図6

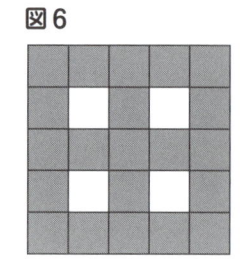

表し方

立体を段ごとに分け、黒い立方体の場所をぬる。
とう明な立方体の場所はぬらずに、そのままにする。
たとえば、図1の立体の中段は、図7のように表す。

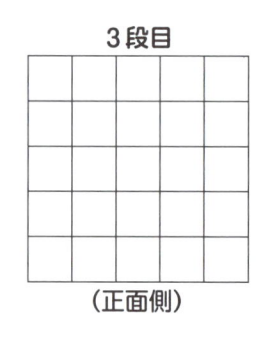

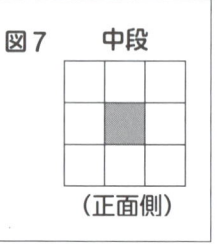

図7　中段
（正面側）

2段目　　　3段目　　　4段目 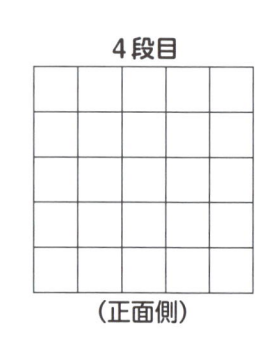
（正面側）　（正面側）　（正面側）

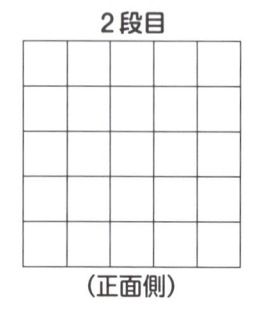

110

問4 次に，6つの方向から見た面がどれも図8のように見える，1辺に小さな立方体が3個並んだ立方体を作りました。次の(1)，(2)の問いに答えなさい。

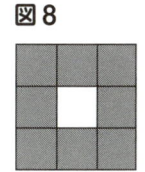

図8

(1) 使う黒い立方体の個数が最も少ない場合の黒の個数を書きなさい。

(2) 使う黒い立方体の個数が最も少ない場合の配置はどのようになりますか。できた立体を上から見た1段目（上段），2段目（中段），3段目（下段）に分け，それぞれを表し方に従って示しなさい。ただし，図の上段※の場所は黒い立方体にするものとします。

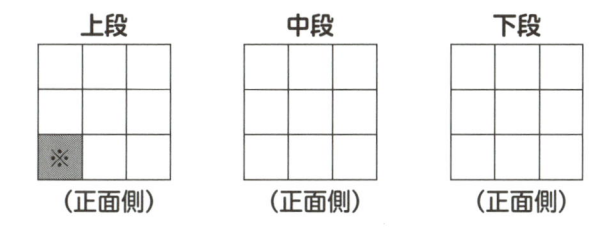

上段　　　中段　　　下段
（正面側）（正面側）（正面側）

7 場合の数

条件を整理する　視点を変える　因果関係をつかむ　調べる・比べる　数を操作する　つくり出す・決定する

適性検査によく出る
順列・組み合わせ
樹形図・場合分け

学んだ日　月　日

教科書のまとめ

★いくつかのものを，順序を考えて1列に並べる並べ方を順列という。

★順序を考えず，いくつかのものから何個かを選ぶ選び方を組み合わせという。

★もれや重なりのないように順序よく図に表したものを樹形図という。

例1　A〜Dの4つを並べる順列の一部

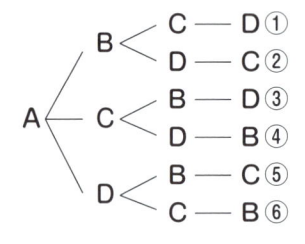

A〈
　B〈C ― D ①
　　　D ― C ②
　C〈B ― D ③
　　　D ― B ④
　D〈B ― C ⑤
　　　C ― B ⑥

（1番目をAにした場合）

例2　A〜Dの4つから3つを選ぶ組み合わせの一部

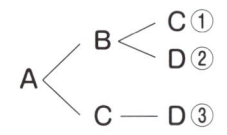

A〈
　B〈C ①
　　　D ②
　C ― D ③

（Aをふくむ組み合わせ）

教科書の内容が使えるか確かめよう

❶ A，B，C，D，Eの5人の子どもが1列に並ぶ並び方は何通りありますか。

☐ × ☐ × ☐ × ☐ × ☐ = ☐　　☐通り

❷ A，B，C，D，E，Fの6人から，2人の組を選ぶ選び方は何通りありますか。

☐ + ☐ + ☐ + ☐ + ☐ = ☐　　☐通り

答え　❶ 120　❷ 15

112

1 先生といっしょに取り組もう

問題 4枚のカード1，2，3，4のうちの3枚を並べてできる3けたの整数は何通りありますか。

1　2　3　4

こうた
123, 124, 132, 134, 142, 143
213, 214, 231, 234, 241, 243
312, 314, 321, 324, 341, 342
412, 413, 421, 423, 431, 432。

6×4＝24（通り）。
小さい順に作ったけど，めんどうだな。
数字が多くなったら，「もれ」や「だぶり」がでちゃうよ。

全部調べなくても，百の位が1の場合は6通りあるので，
百の位が2，3，4でも同じように6通りずつあるはずよ。
だから，全部で3けたの整数は ❶□ × ❷□ ＝ ❸□ （通り）できるわ。

ゆり

こうた
もっと，簡単にまちがいなく調べる方法はないかな？

有効な方法として，図をかく方法があります。しかも**全部かかなくても全体が見通せる図**です。

```
       百の位   十の位   一の位
                2 < 3
                    4
         1 <  3 < 2
                    4
                4 < 2
                    3
```

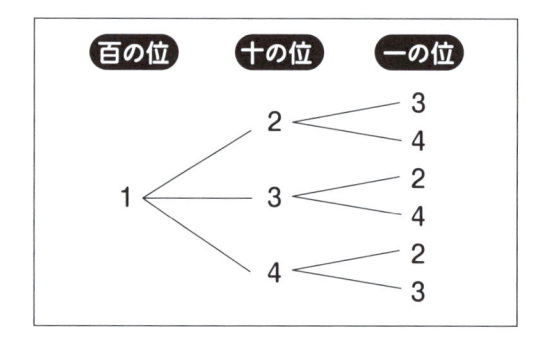

百の位が1の場合は、上の図より6通りあるので、同じきまりで、百の位が2，3，4のいずれの場合もそれぞれ6通りずつあります。よって、全部で ❹□ × ❺□ = ❻□ （通り）。

上の図は、**数字が枝分かれしてかかれているので、樹形図**といいます。

なるほど。百の位が1の場合だけかけば、全部で何通りかわかるね。

こうた

部分がわかれば、全体もわかるわ。ほんとに便利ね。

ゆり

百の位の4通りのそれぞれに対して、十の位で3通り、そのそれぞれに対して、一の位で2通りあるので、❼□ × ❽□ × ❾□ = ❿□ （通り）という式も成り立ちます。

答え

❶ 6 ❷ 4 ❸ 24 ❹ 6 ❺ 4 ❻ 24 ❼ 4 ❽ 3 ❾ 2
❿ 24

1-1 やってみよう

➡答えはべっさつ26ページ

4枚のカード 1, 1, 2, 3のうちの3枚を並べてできる3けたの整数は何通りありますか。

| 1 | 1 | 2 | 3 |

こうた：先生に教わった樹形図をかいてみよう。3けたの整数だから，百の位，十の位，一の位で位取りをしよう。ええと，1が2個あるな。

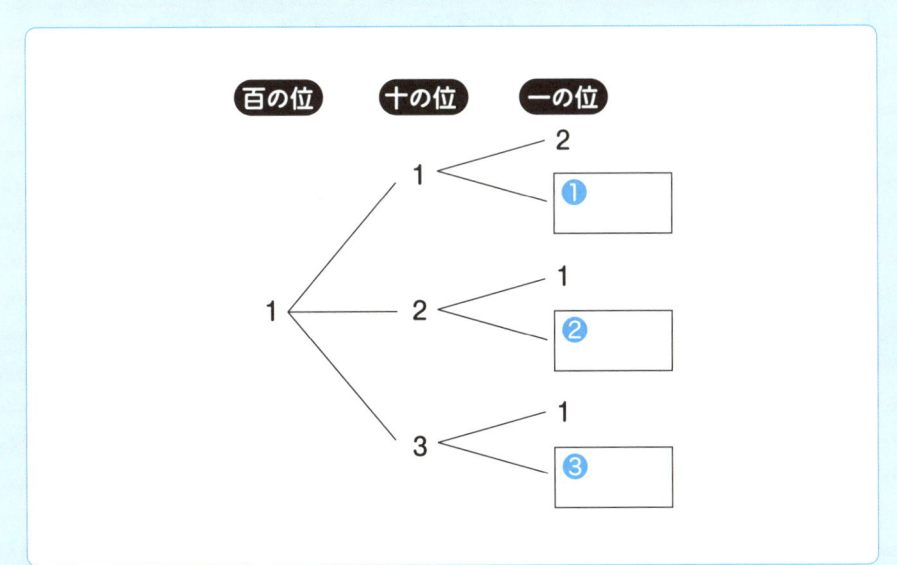

```
百の位   十の位   一の位
          1 ── 2
         ╱      ❶
        ╱
       ╱  2 ── 1
    1 ─         ❷
       ╲
        ╲
         3 ── 1
                ❸
```

百の位が1の場合は6通りで，百の位は1，2，3の3通りあるから，6×3＝18(通り)が答えだね。

私は18通りではないと思います。1が2個あるので，百の位が1の場合と百の位が2，3の場合は異なると思うわ。百の位が2，3の場合の樹形図をかいてみます。

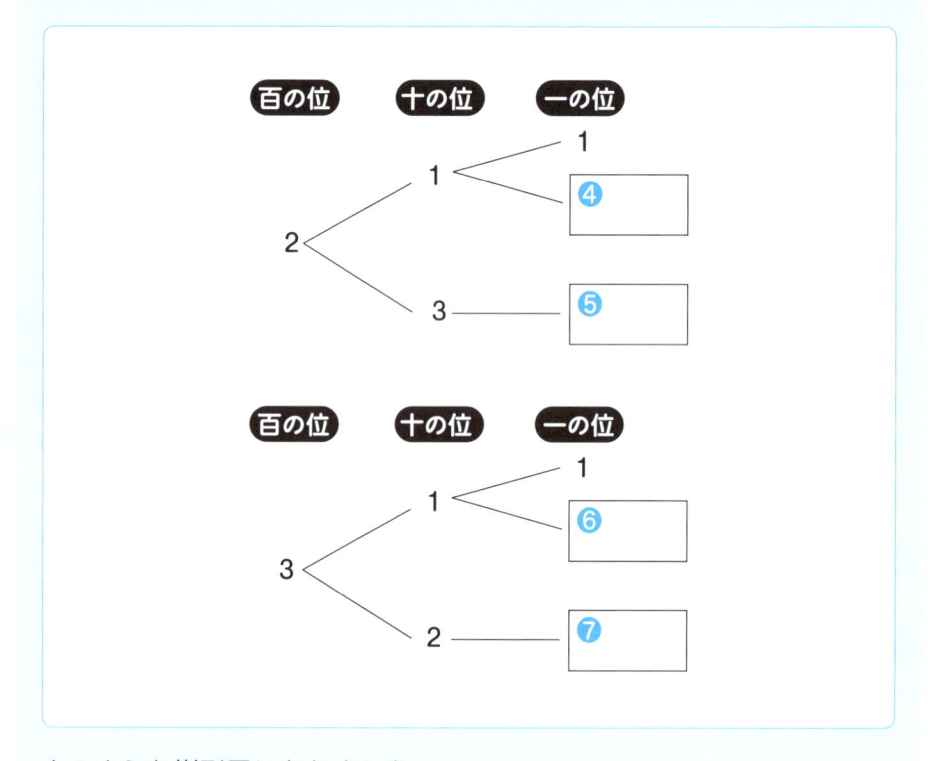

百の位　十の位　一の位

2 ─┬─ 1 ─┬─ 1
   │   └─ ❹
   └─ 3 ───── ❺

百の位　十の位　一の位

3 ─┬─ 1 ─┬─ 1
   │   └─ ❻
   └─ 2 ───── ❼

ゆり

上のような樹形図になりました。

百の位が2，3の場合は同じで3通りずつあります。こうたさんがかいた，百の位が1の場合は6通りですから……

全部で ❽ ＋ ❾ × ❿ ＝ ⓫ （通り）が答えだと思います。

なるほど。ゆりさんは百の位が2と3の場合を両方かいてくれたけど，百の位が2の場合は3通りできるから，百の位が3の場合でも3通りできるんだ。
だから，どちらか1つの場合をかけばすむってことか。

こうた

正解は ⑫□ 通りです。

ゆりさん，よくできました。こうたさんもしっかり考えていますね。3つの樹形図を比べて見ると，ちがいがよくわかると思います。

1のカードは2枚，2と3のカードは1枚ずつあるので，百の位が1の場合は別で，百の位が2と3の場合は同じ条件だということです。よく理解しておきましょう。

先生，わかりました。だぶった数があるときは，注意して，樹形図をかくことにします。

こうた

先生の説明，よくわかりました。

ゆり

ポイント

1 1 2 3 のように，重複した数がある順列は，樹形図をかくと均等に枝分かれしないことに注意します。

よって，前のページの樹形図のように，百の位が1の場合と2または3の場合の両方を必ずかくようにします。

1-2 やってみよう

➡答えはべっさつ26ページ

4枚のカード 0, 1, 1, 2のうちの3枚を並べてできる3けたの整数は何通りありますか。

| 0 | 1 | 1 | 2 |

式や考え方

答え　　　通り

2 先生といっしょに取り組もう

こうた: きのうコンビニへおにぎりを買いに行ったら，たなには，さけ，たらこ，こんぶ，明太子，青菜の5種類が並んでいた。ぼくは，2個買ったよ。

ゆり: どれを買ったの？ 私だったら，こんぶと明太子を買うわ。

こうた: ぼくが買ったのは，さけとたらこのおにぎりだったけど，2個の買い方はいろいろあるよね？

問題 5種類の「おにぎり」，さけ，たらこ，こんぶ，明太子，青菜のうちから，異なる種類の2個を買うとき，買い方は何通りありますか。

手当たりしだいに選ぶとまちがうので，いい方法を考えよう。
そうだ，樹形図がいいや。かいてみよう。

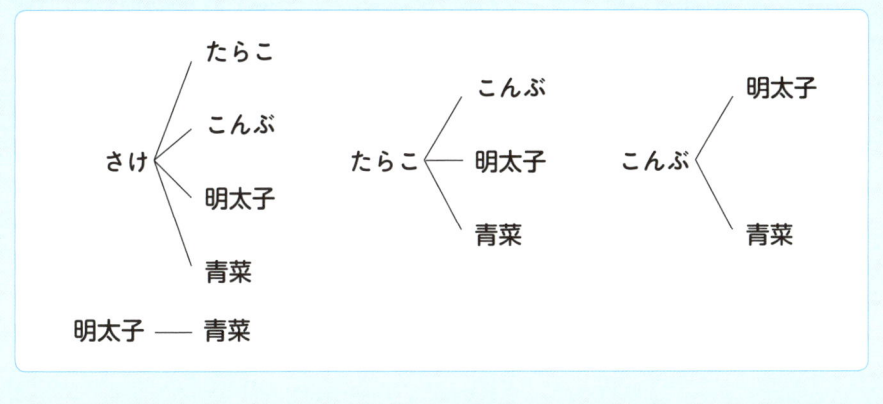

```
さけ ─┬─ たらこ
      ├─ こんぶ
      ├─ 明太子
      └─ 青菜

たらこ ─┬─ こんぶ
        ├─ 明太子
        └─ 青菜

こんぶ ─┬─ 明太子
        └─ 青菜

明太子 ─── 青菜
```

❶ ☐ + ❷ ☐ + ❸ ☐ + ❹ ☐ = ❺ ☐ （通り）。

正解。私も，こうたさんとは別のいい方法を考えよう。

やっぱり，図にした方がよいかも。

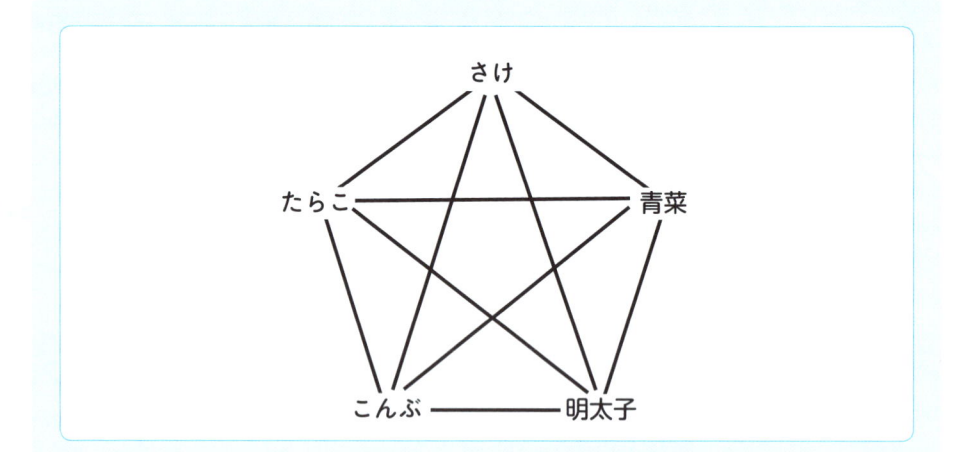

ゆり

上の図から ❻□ 通りよ。こうたさん，私の方法，じょうずでしょ。

五角形の頂点どうしを結ぶんだ。

こうた

二人とも独自の方法ですばらしいです。ゆりさんの方法は図形の考え方を利用していておもしろいと思います。**組み合わせ（選び方）は選ぶ順番を考えに入れません。そこが並べる順番を考えに入れる順列（並べ方）と異なる点です。**

答え

❶ 4　❷ 3　❸ 2　❹ 1　❺ 10　❻ 10

2-1 やってみよう

→答えはべっさつ26ページ

こうたさんとゆりさん，いっしょに次の問題を考えてみて。

あまのさん，いとうさん，うえのさん，えなりさん，おくいさんの5人の中から，そうじ当番を3人選びます。選び方は全部で何通りありますか。

（例）

5人から3人の選び方を考えます。どのように考えたらよいでしょうか？

2人とちがって，3人選ぶとなると，混乱しそうだ。すっきり選ぶ方法はないかな？

こうた

考え方を変えたらどうかしら？　でも，すぐには思いつかないわ。

ゆり

ゆりさん，3＋2＝5（人）だよね。3人選ぶということは？　ええと。

こうた

こうたさん，わかりそうだわ。3＋2＝5でしょ。もっと言うと，5－3＝2だから，5人から3人選べば2人残るわ。だから，残りの2人を決めればいいんじゃないかしら。

ゆり

こうた：残りの2人？　たとえば，あまのさん，いとうさん，うえのさんの3人を選べば，えなりさんとおくいさんが残る。そうか，残りの2人を選べばいいのか。

ゆり：こうたさん，そのとおり。大正解よ。

こうた：ゆりさん，ぼくが答えを出してみるよ。さっきの2つの方法でね。

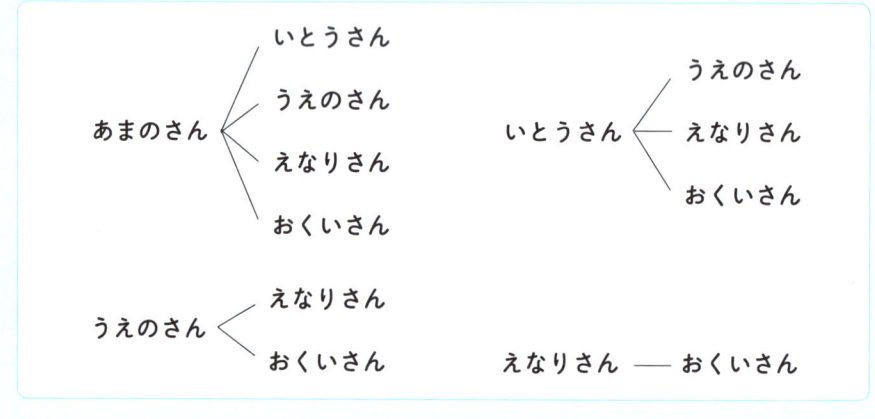

あまのさん ― いとうさん / うえのさん / えなりさん / おくいさん

いとうさん ― うえのさん / えなりさん / おくいさん

うえのさん ― えなりさん / おくいさん

えなりさん ― おくいさん

❶□ + ❷□ + ❸□ + ❹□ = ❺□ （通り）。

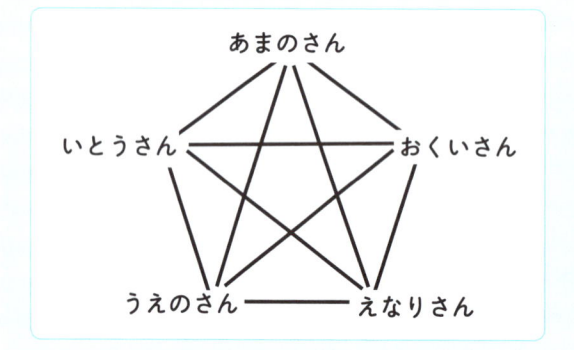

五角形の頂点どうしを結ぶ線に等しいので，❻□ 通り。

視点を変えることがだいじです。選ぶ3人と残る2人が対応しているということです。組み合わせでこの考え方はだいじなので，よく理解しておきましょう。

2-2 やってみよう

➡答えはべっさつ26ページ

あいさん，かよさん，さちさん，たえさん，なみさん，はるさん，まみさんの7人がいます。この7人の中から，そうじ当番3人と図書係2人を選びたいと思います。選び方は，全部で何通りありますか。

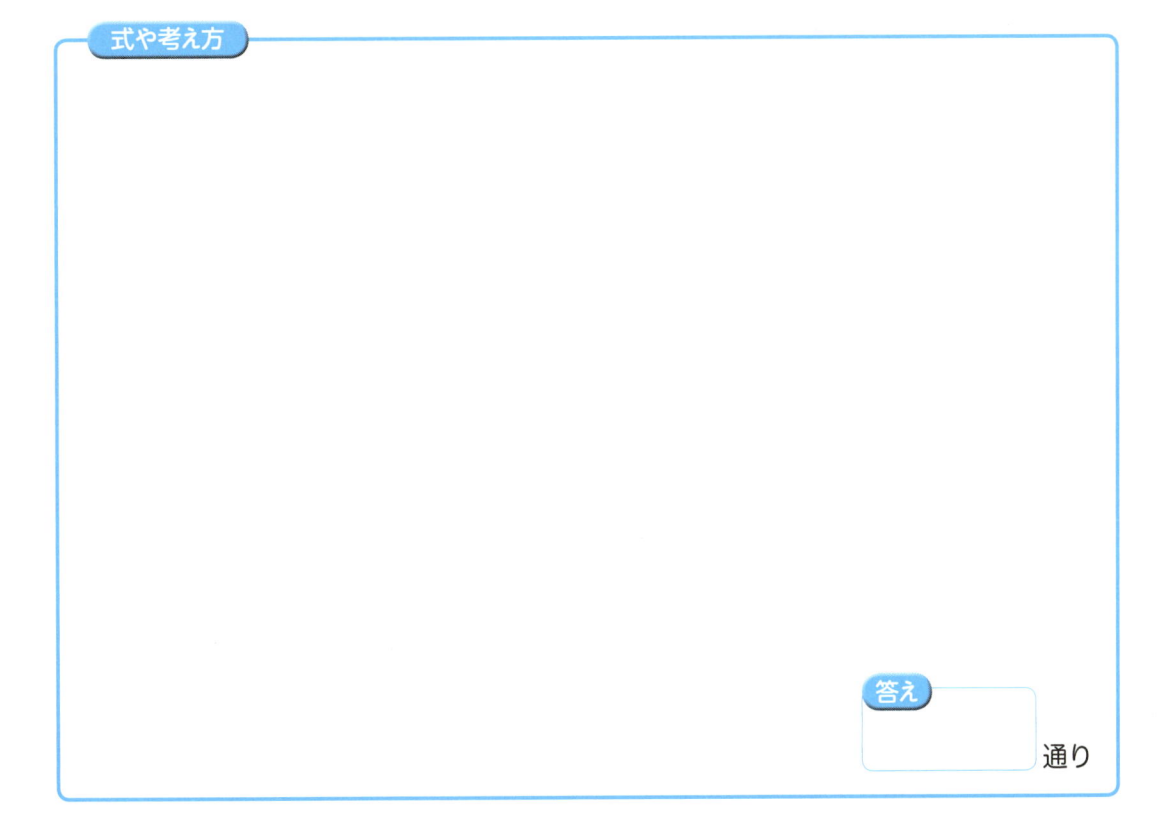

式や考え方

答え 　　　通り

チャレンジ 適性検査を体験しよう

→答えはべっさつ26〜32ページ

1 〈青森県立三本木高等学校附属中学校〉

50円，80円，120円，140円，200円の5種類の切手があります。ともこさんたちは，これらの切手の買い方について話し合っています。

[ともこ] 2種類の切手を1枚ずつ買いたいけど，どんな組み合わせがあるのかな。

[たろう] 50円切手と80円切手の組み合わせと，80円切手と50円切手の組み合わせは，同じ組み合わせだから，**1通り**と考えるんだよね。

[さちこ] 組み合わせは，全部で何通りあるのかな。

問1 ともこさんは5種類の切手の中から2種類の切手を1枚ずつ選んで買うことにしました。全部の組み合わせを表や図などを使って書きましょう。また，何通りあるかを書きましょう。

[たろう] 50円切手を□枚と80円切手を△枚合わせて，合計710円になるように買おうとしたけれど，まちがって50円切手と80円切手の枚数を反対にして買ってしまったんだ。そうしたら，合計が120円少なくなったんだ。

はじめに何枚ずつ買おうとしたのか，わかるかな。

[ともこ]　合計710円になればいいんだよね。

50円切手の□枚と80円切手の△枚は，表を使って求められそうね。

[さちこ]　はじめに買おうとした枚数を反対に買ったから，合計が120円少なくなったんだよね。

式を使っても求められそうよ。

問2　はじめに買う予定だった50円切手と80円切手の枚数は，それぞれ何枚でしょうか。その求め方を表や式などを使って書きましょう。また，それぞれの枚数を書きましょう。

2 〈鎌倉学園中学校〉

次の8枚のカードがあります。このカードのうち，3枚を並べて3けたの整数を作るとき，次の問いに答えなさい。

| 1 | 1 | 2 | 2 | 3 | 3 | 4 | 4 |

問1　全部で何通りできますか。

問2　偶数は何通りできますか。

チャレンジ 適性検査を体験しよう

3 〈東邦大学付属東邦中学校〉

Aさん，Bさん，Cさん，Dさん，Eさんの5人が①室，②室の2室に分かれてとまることになりました。①室には3人まで，②室には4人までとまることができます。次の問いに答えなさい。

問1 5人のとまり方は，全部で何通りありますか。

問2 仲良しのAさん，Bさんが同じ部屋にとまるとき，5人のとまり方は何通りありますか。

4 〈専修大学松戸中学校〉

えんぴつ，クレヨン，ボールペンの3種類の筆記用具があります。えんぴつとクレヨンはどちらも，赤，青，黒，緑，黄，の色が1本ずつあります。また，ボールペンは，赤，青，黒，緑，が1本ずつあります。これら14本の筆記用具の中から，何本かを選びます。ただし，選ぶ順番は考えないものとします。

このとき，次の各問いに答えなさい。

問1 3種類の筆記用具を1本ずつ選びます。このような選び方は何通りありますか。

問2 えんぴつを3本，クレヨンを1本，ボールペンを2本選びます。このような選び方は何通りありますか。

問3 赤が2本，青が1本，黄が1本になるように選びます。このような選び方は何通りありますか。ただし，3種類の筆記用具を少なくとも1本は選ぶことにします。

企画・編集	みくに出版編集部
編集協力	日能研プラネット ユリウス
表紙・本文デザイン	志岐デザイン事務所
イラスト	成瀬　瞳

発行

株式会社みくに出版
〒150-0021　東京都渋谷区恵比寿西2-3-14
TEL　03(3770)6930
FAX　03(3770)6931
http://www.mikuni-webshop.com

「公立一貫校プログラム」に加盟している、個別指導を中心とした学習塾「ユリウス」の「公立中高一貫校対策講座」では、本書で扱った6つの視点を取り入れ「解答までのプロセス」を重視した学習指導をしています。
本書の企画・編集にあたっては、ユリウスの指導陣にご協力をいただきました。

●本書の無断転載、複製を禁じます。
●本書の解答は別冊になっております。
　解答のない場合は小社までご連絡ください。

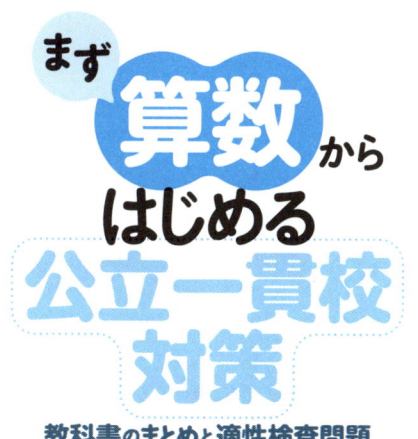

まず算数からはじめる公立一貫校対策
教科書のまとめと適性検査問題

答えと解説

みくに出版

1 数のきまり

●やってみようの 答え　問題は 1-1 13・ 2-1 2-2 18ページ

1-1　ア×　イ◎　ウ◎・□　エ□　オ◎・□・△　カ×　キ◎　ク□・△　ケ×
　　　コ◎，□

2-1　(例)出てくる数は，入れた２つの数の最大公約数になっている。

2-2　式や考え方　16の約数……1, 2, 4, 8, 16
　　　　　　　　40の約数……1, 2, 4, 5, 8, 10, 20, 40
　　　　　　　　それぞれの約数のうち，共通する最大の約数は8。

　　　答え　8

●チャレンジ　適性検査を体験しよう　問題は20ページ

答え

1　問1　2, 5, 8　問2　98　問3　04と76
　　問4　(1, 0), (4, 0), (7, 0), (2, 5), (5, 5), (8, 5)　(理由)解説を見よう

解説

1　問1　4と9と□の和が3の倍数になればよい。わかっている２つの数の和は13で，この和に0から9までの数をたして3の倍数になる場合を考えると，あてはまるのは13＋2＝15, 13＋5＝18, 13＋8＝21の3通りとわかる。よって，□には2, 5, 8があてはまることがわかる。

　　問2　4と9と2つの□の和が3の倍数になればよい。わかっている２つの数の和の13に，4枚のカードに書かれた２つの数をたしてそれぞれ確かめる。
04, 13, 76のときの4つの数の和は，それぞれ17, 17, 26となり，3でわりきれないのでふさわしくない。しかし98のときは，13＋9＋8＝30となり，30は3でわりきれるので，ふさわしい。

問3 素因数分解をすると，6＝2×3より，6の倍数は，2の倍数であり3の倍数であることがわかる。このことから6の倍数の見分け方は「一の位の数字が2の倍数で，各位の数字の和が3の倍数になること」とわかる。

一の位の条件から，⃞13はふさわしくない。

わかっている3つの数の和は7＋2＋5＝14であり，残りの3枚のカードについて，各位の数字の和が3の倍数になるかを確かめていけばよい。

5つの数の和は，⃞04のときは14＋0＋4＝18，⃞76のときは14＋7＋6＝27となりふさわしい。

しかし⃞98のときは14＋9＋8＝31となり，ふさわしくない。

よって，答えは⃞04と⃞76となる。

問4 問3と同様に考える。

素因数分解をすると，15＝3×5となり，15の倍数は，3の倍数であり5の倍数であるといえる。このことから15の倍数の見分け方は「一の位の数字が0か5で，各位の数字の和が3の倍数になること」とわかる。

わかっている3つの数の和は7＋2＋5＝14である。また各位の数字の和は，(□，□)が(0，0)のときに最小となり，(9，9)のときに最大となる。最小の和は14＋0＋0＝14，最大の和は14＋9＋9＝32なので，14以上32以下の3の倍数を探すと，15，18，21，24，27，30の6つにしぼることができる。それぞれの和において，一の位が0または5になる組み合わせを考える。

15－14＝1→(1，0)

18－14＝4→(4，0)

21－14＝7→(7，0)，(2，5)

24－14＝10→(5，5)

27－14＝13→(8，5)

30－14＝16→なし

よって，答えは(1，0)，(4，0)，(7，0)，(2，5)，(5，5)，(8，5)となる。

答え

2 問1　11, 13, 17, 19, 23, 29　問2　30　問3　510　問4　10, 11, 13, 14, 15, 17, 19　問5　23, 25, 29, 31, 35, 37　問6　解説を見よう

解説

2 問2　素因数分解を利用する。

360 ＝ 2 × 2 × 2 × 3 × 3 × 5

360の約数のうち，素数は2と3と5だけであることがわかる。

＜360＞＝ 2 × 3 × 5 ＝ 30

問3　2040 ＝ 2 × 2 × 2 × 3 × 5 × 17

2040の約数のうち，素数は2と3と5と17だけであることがわかる。

＜2040＞＝ 2 × 3 × 5 × 17 ＝ 510

問4　xが素数，あるいは異なる素数の積で表されるとき，＜x＞＝ xとなる。

10以上20以下の素数は11, 13, 17, 19である。

また異なる素数の積で表される数に，10(＝ 2 × 5)，14(＝ 2 × 7)，

15(＝ 3 × 5)がある。よって，答えは10, 11, 13, 14, 15, 17, 19となる。

問5　6とaがたがいに素であるとき，＜6＞×＜a＞＝＜6 × a＞となる。

6 ＝ 2 × 3

aは20以上40以下で2の倍数でも3の倍数でもない数である。

よって，答えは23, 25, 29, 31, 35, 37となる。

問6　条件にあてはまるyとzは，問5より，その積を素因数分解したときに，かけられている数が異なることがわかる。例えば，y＝ 10，z＝ 9のとき，

＜10＞×＜9＞＝(2 × 5) × 3 ＝ 30，＜10 × 9＞＝＜90＞＝ 2 × 3 × 5 ＝ 30

となり，条件にあてはまる。2以上10以下であてはまる2つの数の組み合わせは22通り。以下のうち3つを答えればよい。

(y, z) ＝ (10, 9), (10, 7), (10, 3), (9, 8), (9, 7), (9, 5), (9, 4), (9, 2), (8, 7), (8, 5), (8, 3), (7, 6), (7, 5), (7, 4), (7, 3), (7, 2), (6, 5), (5, 4), (5, 3), (5, 2), (4, 3), (3, 2)

答え

3 問1 $\frac{5}{6}, \frac{7}{6}$　問2 35通り

解説

3 問1 約分して分母が6になるということは，分母は6以上である。しかし分母が7と8のとき，約分して分母が6になることはないので，分母が6のときのみ考えればよいことがわかる。分子が2の倍数または3の倍数だと約分して分母が6ではなくなるので，答えは$\frac{5}{6}, \frac{7}{6}$となる。

問2 同じ大きさの数に注意しながら，書き出して調べる。

1より小さい分数は，
$\frac{2}{3}, \frac{2}{4}, \frac{3}{4}, \frac{2}{5}, \frac{3}{5}, \frac{4}{5}, \frac{2}{6}, \frac{5}{6}, \frac{2}{7}, \frac{3}{7}, \frac{4}{7}, \frac{5}{7}, \frac{6}{7}, \frac{2}{8}, \frac{3}{8}, \frac{5}{8}, \frac{7}{8}$
の17個ある。また，これらの分母分子を入れかえた分数と，約分して1になる分数がある。

$17 \times 2 + 1 = 35$（通り）

答え

4 問1 $\frac{5}{1}, \frac{10}{2}$　問2 $\frac{7}{1}, \frac{6}{2}, \frac{9}{3}, \frac{8}{4}, \frac{10}{5}$　問3 252　問4 解説を見よう

問5 （最大の積）30780, （最小の積）3520

解説

4 問1 1つは分母が1とわかっているので，$\frac{5}{1}$である。もう1つはこれを2倍に倍分したものなので，$\frac{10}{2}$とわかる。

問2 約分すると整数になる分数の，分母と分子をまとめると以下のようになる。
$\frac{2 \cdot 3 \cdot 4 \cdot 5 \cdot 6 \cdot 7 \cdot 8 \cdot 9}{1}, \frac{4 \cdot 6 \cdot 8 \cdot 10}{2}, \frac{6 \cdot 9}{3}, \frac{8}{4}, \frac{10}{5}$
10枚のカードをすべて1枚ずつ使うので，条件にあてはまる5つの分数は，
$\frac{7}{1}, \frac{6}{2}, \frac{9}{3}, \frac{8}{4}, \frac{10}{5}$となる。

問3 $\frac{7}{1} \times \frac{6}{2} \times \frac{9}{3} \times \frac{8}{4} \times \frac{10}{5} = 7 \times 3 \times 3 \times 2 \times 2 = 252$

問4 問2のように，約分すると整数になる分数の，分母と分子をまとめると以下のようになる。

$$\frac{2\cdot3\cdot4\cdot5\cdot6\cdot7\cdot8\cdot9\cdot10\cdot11\cdot12\cdot13\cdot14\cdot15\cdot16\cdot17\cdot18\cdot19}{1},$$
$$\frac{4\cdot6\cdot8\cdot10\cdot12\cdot14\cdot16\cdot18}{2},\ \frac{6\cdot9\cdot12\cdot15\cdot18}{3},\ \frac{8\cdot12\cdot16}{4},$$
$$\frac{10\cdot15}{5},\ \frac{12\cdot18}{6},\ \frac{14}{7},\ \frac{16}{8},\ \frac{18}{9}$$

16枚のカードを1枚ずつ使うので，条件にあてはまる8つの分数の1つは，
$\frac{18}{9},\ \frac{16}{8},\ \frac{14}{7},\ \frac{12}{6},\ \frac{10}{5},\ \frac{15}{3},\ \frac{4}{2},\ \frac{11}{1}$ である。

問5

できる整数	分数
2	$\frac{2}{1},\ \frac{4}{2},\ \frac{6}{3},\ \frac{8}{4},\ \frac{10}{5},\ \frac{12}{6},\ \frac{14}{7},\ \frac{16}{8},\ \frac{18}{9}$
3	$\frac{3}{1},\ \frac{6}{2},\ \frac{9}{3},\ \frac{12}{4},\ \frac{15}{5},\ \frac{18}{6}$
4	$\frac{4}{1},\ \frac{8}{2},\ \frac{12}{3},\ \frac{16}{4}$
5	$\frac{5}{1},\ \frac{10}{2},\ \frac{15}{3}$
6	$\frac{6}{1},\ \frac{12}{2},\ \frac{18}{3}$
7	$\frac{7}{1},\ \frac{14}{2}$
8	$\frac{8}{1},\ \frac{16}{2}$
9	$\frac{9}{1},\ \frac{18}{2}$
10〜19	$\frac{10}{1}\sim\frac{19}{1}$

以上より，最大の積，最小の積は次の式で求めることができる。

$$\frac{19}{1}\times\frac{10}{2}\times\frac{9}{3}\times\frac{12}{4}\times\frac{15}{5}\times\frac{18}{6}\times\frac{14}{7}\times\frac{16}{8}=30780\cdots\cdots\text{最大}$$

$$\frac{4}{2}\times\frac{10}{5}\times\frac{12}{6}\times\frac{14}{7}\times\frac{16}{8}\times\frac{18}{9}\times\frac{15}{3}\times\frac{11}{1}=3520\cdots\cdots\text{最小}$$

2 割合

●やってみようの 答え　問題は 1-1 28・1-2 30・2-1 36・2-2 38ページ

1-1 ❶54＋60＋42＋48＋96　❷300　❸54　❹18　❺60
❻20　❼48　❽16

1-2 式や考え方

本の数は全部で60＋55＋45＋40＋50＝250(冊)となる。
250冊をもとにする量として割合を求める。
ア　歴史の本の数である55冊が比べられる量にあたる。
　　55÷250×100＝22(％)
イ　伝記の本の数である45冊が比べられる量にあたる。
　　45÷250×100＝18(％)

答え　ア　22％　イ　18％

2-1 ❶216＋121＋72＋22＋49　❷480　❸216　❹0.45　❺360　❻162

2-2 式や考え方

6年生全員の人数を求めると、
54＋36＋18＋12＋24＋6＝150(人)。
6年生全員の人数をもとにする量として、各種目の割合を百分率で求めると、
以下のようになる。
ア 54÷150×100＝36(％),
イ 36÷150×100＝24(％),
ウ 18÷150×100＝12(％),
エ 12÷150×100＝8(％),
オ 24÷150×100＝16(％),
カ 6÷150×100＝4(％)
円グラフが25等分されているので、1めもりあたりを

7

100÷25＝4(％)と考えて区切るとよい。

ア 36÷4＝9(めもり),
イ 24÷4＝6(めもり),
ウ 12÷4＝3(めもり),
エ 8÷4＝2(めもり),
オ 16÷4＝4(めもり),
カ 4÷4＝1(めもり)

答え

各種目の人数の割合

●チャレンジ　適性検査を体験しよう　問題は40ページ

答え

1

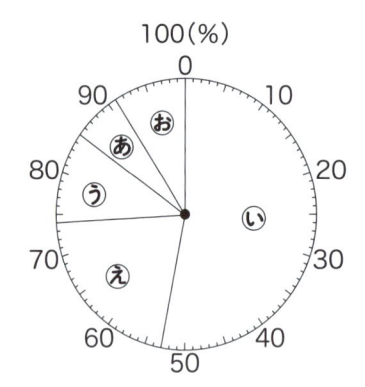

解説

1 それぞれの割合を百分率で求める。

また，必要な位の1つ下の位の数が4，3，2，1，0のときは切り捨て，5，6，7，8，9のときは切り上げて四捨五入をする。

あ（米）42÷736×100＝5.7… → 6％

い（野菜）389÷736×100＝52.8… → 53％

う（果実）84÷736×100＝11.4… → 11％

え（畜産物）158÷736×100＝21.4… → 21％

お（その他）63÷736×100＝8.5… → 9％

あ～おは大きい順に，い(53％)・え(21％)・う(11％)・あ(6％)となる。

いは53％のめもりまで，えは53＋21＝74なので74％のめもりまで，うは74＋

11＝85なので85％のめもりまで，ぁは85＋6＝91なので91％のめもりまで線を引く。

答え

2 問1　75.6度　問2　140000万kg

解説

2 問1　21％＝0.21
　　　360×0.21＝75.6（度）

問2　資料1より，東北地方における米の収かく量の合計は，28600＋29800＋36300＋51200＋39700＋35400＝221000（万kg）。

資料2より，東北地方と関東地方の，全国をもとにする量としたときの割合を求めることができる。

東北地方は，93.6÷360＝0.26。

関東地方は，57.6÷360＝0.16。

221000÷0.26＝850000（万kg）が全国の米の収かく量の合計となるので，関東地方の米の収かく量は，850000×0.16＝136000（万kg）と求められる。上から3けた目を四捨五入して，上から2けたのおよその数（がい数）にすると，140000万kg。140000万kgは14億kgである。

3 数の並び方

●やってみようの 答え　問題は 1-1 47・1-2 48・2-1 51・2-2 52・3-1 55・3-2 57ページ

1-1　❶41　❷41　❸4　❹164　❺2　❻2　❼164　❽3　❾38　❿8　⓫2
　　　⓬164

1-2　式や考え方　2＋3×(10－1)＝29……10番目の数　答え 29
　　　　　　　(2＋29)×10÷2＝155……10番目までの数の和　答え 155

2-1　❶1　❷30　❸30　❹2　❺465

2-2　式や考え方　正三角形の一辺のご石の個数は，54÷3＋1＝19(個)
　　　　　　　ご石の個数は，(1＋19)×19÷2＝190(個)
　　答え 190個

3-1　❶3　❷3　❸9　❹15　❺15　❻15　❼225　❽1　❾2　❿19　⓫1
　　　⓬19　⓭20　⓮40　⓯2　⓰20　⓱20　⓲20　⓳400　(⓫と⓬は順不同)

3-2　式や考え方　問題の等差数列を1からはじまる奇数列にする。1〜□の奇数列の和
　　　　　　　は840＋1＝841。841を平方数にすると，29×29＝841。
　　　　　　　よって，□＝2×29－1＝57。
　　答え 57

●チャレンジ　適性検査を体験しよう　問題は58ページ

答え

1　問1　(式や考え方) (1＋8)×8÷2＝36……8段目の右はしの数
　　　　　　　36＋1＝37……9段目の右はしの数
　　　　　　　36＋9＝45……9段目の左はしの数

3回 数の並び方 答えと解説

$$(37 + 45) \times 9 \div 2 = 369$$

（答え）369

問2　（式や考え方）$45 + 10 + 11 + 12 + 13 = 91$……13段目の左はし

$100 - 91 = 9$

（答え）14段目の左から9番目

解説

1 問1　三角数であることに注目する。

偶数段は左から順に数が並び，奇数段は右から順に数が並ぶ。

> 三角数に注目する。各段に並ぶ数の個数は段数に等しい。

8段目の右はしの数は，$(1 + 8) \times 8 \div 2 = 36$ より，9段目の右はしの数は $36 + 1 = 37$。

9段目の左はしは $36 + 9 = 45$。

9段目には9個の数が並んでいる。9段目に並んでいる数字の和は等差数列の和より，$(37 + 45) \times 9 \div 2 = 369$。

問2　各段の最後に並ぶ数で100に近い数を調べる。

問1より，9段目の左はしは45なので，$45 + 10 + 11 + 12 + 13 = 91$ は13段目の左はしとわかる。

$100 - 91 = 9$ より，100は14段目の左から9番目。

【別解】

奇数段の真ん中の数に注目すると，真ん中の数は，4×1，4×2，4×3，4×4，4×5……と，順に増えていく。

つまり，3段目の真ん中は $1 + 4 \times 1 = 5$，

5段目の真ん中は $5 + 4 \times 2 = 13$，

7段目の真ん中は $13 + 4 \times 3 = 25$，

9段目の真ん中は $25 + 4 \times 4 = 41$，

11段目の真ん中は $41 + 4 \times 5 = 61$，

13段目の真ん中の数は，$61 + 4 \times 6 = 85$ となる。

よって，85＋6＝91は13段目の左はしとなり，100－91＝9より，100は14段目の左から9番目となる。

答え

2 問1 （式や考え方）1＋3＋5＋7＋9＋11＋13＋15＝8×8＝64(個)

（答え）64個

問2 （式や考え方）2＋4＋6＋8＋10＋12＝(2＋12)×6÷2＝42(個)

（答え）42個

問3 （式や考え方）1＋3＋5＋7＋9＝5×5＝25(個)……一辺3cmの正方形

2＋4＋6＝12(個)……一辺4cmの正方形

1＋3＝4(個)……一辺5cmの正方形

よって，64＋42＋25＋12＋4＝147(個)。

（答え）147個

解説

2 問1 1＋3＋5＋7＋9＋11＋13＋15は，1からはじまる奇数を，順に(15＋1)÷2＝8(番目)までたしたものである。

奇数列の和より，8×8＝64(個)。

問2 上から2段目と3段目を使うと2個できる。

同様にして，3，4段目で4個。

4，5段目で6個。

5，6段目で8個。

6，7段目で10個。

7，8段目で12個。

2＋4＋6＋8＋10＋12は等差数列の和である。

よって，(2＋12)×6÷2＝42(個)。

正方形の個数は上から奇数列になっている。奇数列の和を利用。最大の正方形の一辺の長さを求める。

問3 一辺1cm, 2cmのほかにできる正方形は一辺3cm, 4cm, 5cmの正方形である。
○をつけた正方形は一辺3cmの正方形の真ん中。よって, ○の個数を数えればよい。一辺3cmの正方形は重なって並んでいることに注意する。
1＋3＋5＋7＋9＝5×5＝25(個)
……図1

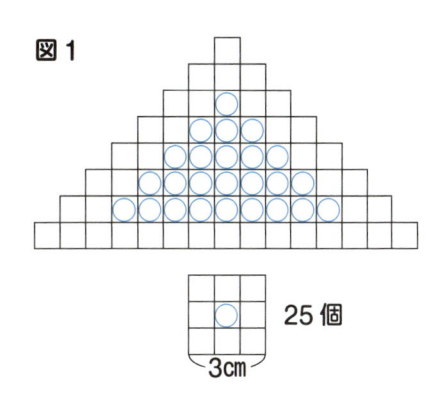

図1

25個

一辺4cmの正方形は, 上から4段目〜6段目に, 2＋4＋6＝12(個)……図2

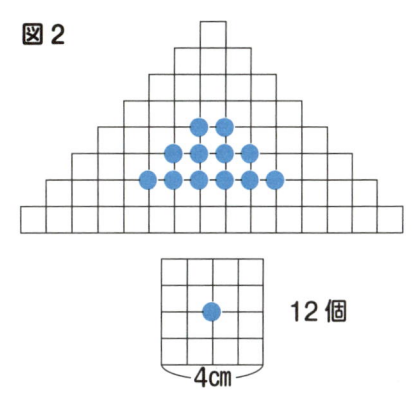

図2

12個

一辺5cmの正方形は上から5段目に1個, 6段目に3個で1＋3＝4(個)……図3

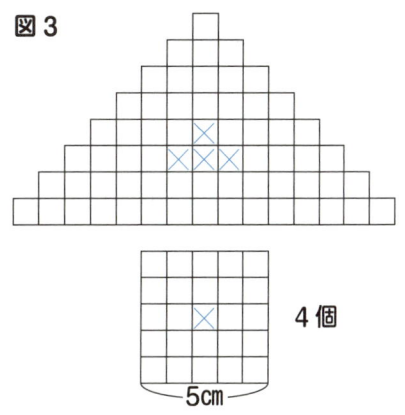

図3

4個

よって, 64＋42＋25＋12＋4＝147(個)。

4 平面図形

●やってみようの 答え　問題は 1-1 63・ 1-2 68・ 2-1 72ページ

1-1
① 12×18＝216　② 216　③ 12＋18＋12＋18＝60　④ 60
⑤ (12＋18)×2＝60　⑥ 60　⑦ 3　⑧ 4　⑨ 12　⑩ 2　⑪ 8　⑫ 16
⑬ 28　⑭ 5　⑮ 8　⑯ 40　⑰ 3　⑱ 2　⑲ 6　⑳ 3　㉑ 2　㉒ 6　㉓ 28　㉔ 3
㉕ 2　㉖ 2　㉗ 3　㉘ 2　㉙ 4　㉚ 2　㉛ 26　㉜ 3　㉝ 2　㉞ 5　㉟ 8　㊱ 26

1-2
〔面積を求める式や考え方〕
　　(例1) 2×7＋4×10＝54 ……上下2つの長方形に分ける場合
　　(例2) 6×7＋4×3＝54 ……左右2つの長方形に分ける場合
　　(例3) 6×10－2×3＝54 ……広げてから引く場合
〔答え〕54

〔周りの長さを求める式や考え方〕
　　(例1) 6＋10＋4＋3＋2＋7＝32 ……1つずつたす場合
　　(例2) (6＋10)×2＝32 ……まとめてから2倍する場合
〔答え〕32

2-1　① 6　② 12　③ 3　④ 6
〔式や考え方〕(例)(10＋6＋3)×2＝38　〔答え〕38

●チャレンジ　適性検査を体験しよう　問題は74ページ

〔答え〕
1 問1　18cm　問2　4cm　問3　574cm²

〔解説〕
1 問1　(40＋大)×2＝116 ……図㋐の周の長さ
　　　　116÷2－40＝18(cm) ……大の正方形の1辺の長さ

問2　40－18＝22(cm)……中と小の正方形の1辺の長さの和

124－116＝8(cm)……図⑦と図⑦の周の長さの差は，右の図の太線部分となる。

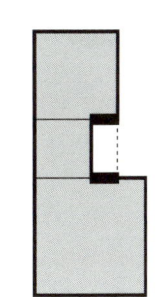

8÷2＝4(cm)……中と小の正方形の1辺の長さの差

問3　(22＋4)÷2＝13(cm)……中の正方形の1辺の長さ

(22－4)÷2＝9(cm)……小の正方形の1辺の長さ

18×18＋13×13＋9×9＝574(cm²)

答え

2　問1　56cm²　問2　①5cm　②35cm²

解説

2　問1　66÷2＝33(cm)……たてと横の辺の長さの和

33－(12＋5)＝16(cm)……横の辺の長さの和

16－12＝4(cm)……横にずらした長さ

(12－5)×(12－4)＝56(cm²)

問2　① 左右のたての辺の長さを比べると，左側が⑦＋12，右側が2＋12＋3となる。

17－12＝5(cm)……⑦の長さ

② 72÷2＝36(cm)……たてと横の辺の長さの和

36－(5＋12)＝19(cm)……横の辺の長さの和

19－12＝7

12－7＝5(cm)……3枚すべてが重なってできる四角形の横の辺の長さ

12－5＝7(cm)……3枚すべてが重なってできる四角形のたての辺の長さ

7×5＝35(cm²)

答え

3 問1　ひろし，なおき，けいこ　　問2　98個

問3　（例）

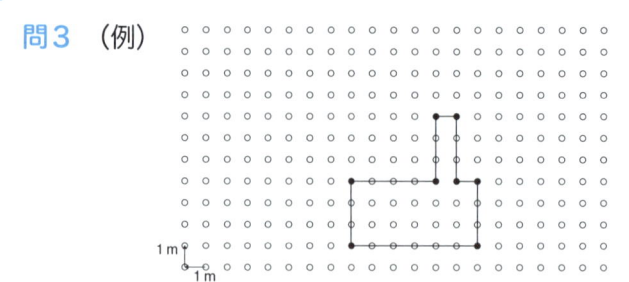

解説

3 問1　5×4＝20(m)……1辺5mの正方形の周りの長さ

ひろしやなおきのデザインのように，もともとの正方形の角の部分がへこむ形であれば20m以内となるが，あきこやまさる，みどりのデザインのように，角の部分ではない辺と辺の間の部分がへこむ形になると20mより長くなってしまう。

また，けいこのデザインの場合，角がへこんでいるうえに，a＋b＞cとわかるので20mより短くなる。

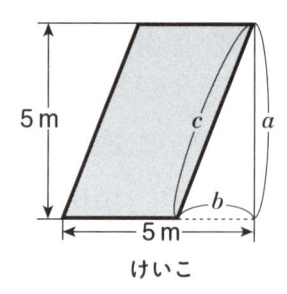

よって，20m以内の花だんは，ひろし，なおき，けいことなる。

問2　右の図のようにれんがを並べる。

300÷20＝15(個)

100÷20＝5(個)

(300－10×2)÷20＝14(個)

(5＋15＋5＋5＋14＋5)×2
＝98(個)

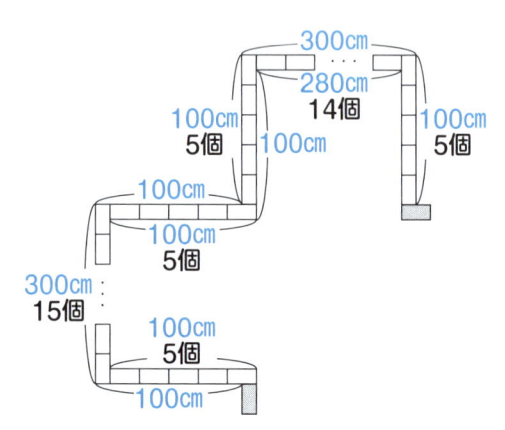

問3

24÷2＝12(m)……たてと横の辺の長さの和

角の部分がへこんだ形にすると条件どおりの形になりやすい。ただし，使うくいの本数など条件をしっかり満たすようにする。

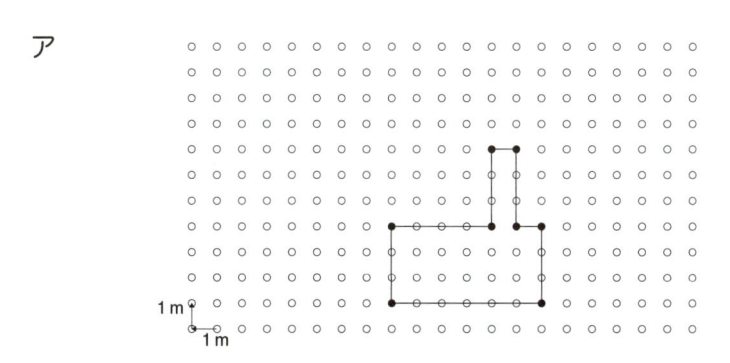

ア

3＋3＝6(m)……たての辺の長さ　　6m……横の辺の長さ

(6＋6)×2＝24(m)……これは条件を満たす。

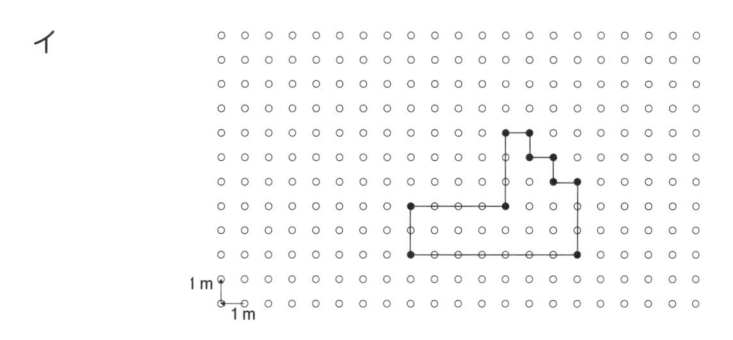

イ

3＋2＝5(m)……たての辺の長さ　　7m……横の辺の長さ

(5＋7)×2＝24(m)……これは条件を満たす。

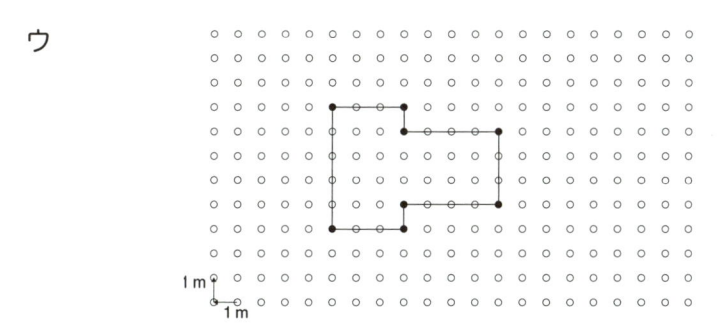

ウ

5m……たての辺の長さ　　3＋4＝7(m)……横の辺の長さ

(5＋7)×2＝24(m)……これは条件を満たす。

エ

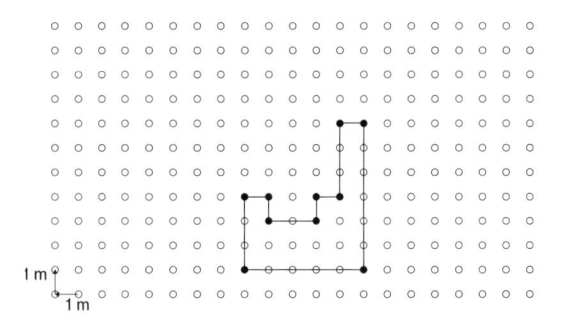

3＋3＝6(m)……たての辺の長さ　　5m……横の辺の長さ

1m……角の部分ではない辺と辺の間の部分のへこんだ辺の長さ

(6＋5＋1)×2＝24(m)……これは条件を満たす。

オ

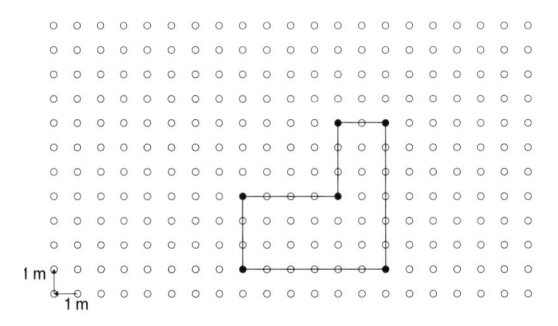

3＋3＝6(m)……たての辺の長さ　　6m……横の辺の長さ

(6＋6)×2＝24(m)……外わくの長さは24mだが，くいの数が6本しか

　　　　　　　　　　ないため，条件を満たさない。

ア，イ，ウ，エは条件を満たすが，オは条件を満たさない。

5 速さ

● やってみようの 答え　問題は 1-1 83・ 2-1 89ページ

1-1 ❶1時間に4.2km進む　❷1kmは1000mなので，1時間に進めるのは4.2×1000＝4200(m)とわかる。1時間は60分なので，答えは4200÷60＝70(m)になる。　❸70　❹70×20＝1400(m)　❺1400

2-1 ❶速さ　❷分速何m　❸m　❹分
❺区間1の道のりは，1.2×1000＝1200(m)。
　区間2の道のりは，3.5×1000＝3500(m)。
　区間3の道のりは，3.72×1000＝3720(m)。
　区間1の速さは，100×60÷100＝60(m／分)。
　区間2の速さは，15×1000÷60＝250(m／分)。
❻1200　❼3500　❽3720　❾60　❿250
⓫区間1にかかった時間は1200÷60＝20(分)，区間2にかかった時間は3500÷250＝14(分)とわかるので，時間の合計は20＋6＋14＝40(分)になる。
⓬3720÷40＝93　⓭93

● チャレンジ　適性検査を体験しよう　問題は92ページ

答え

1 問1　5時間15分　　問2　1組のバスが35分早く着く

解説

1 問1　目的地にとう着するまでにかかる時間は210÷40＝5.25(時間)である。1時間は60分なので，0.25×60＝15(分)より，答えは5時間15分になる。

問2 2組のバスについては，量の単位が統一されていないので，速さを分速に直す。

10 × 60 ＝ 600（m／分）

2組のバスが目的地にとう着するまでの時間は，210 × 1000 ÷ 600 ＝ 350（分）である。

問1より，1組のバスが目的地にとう着するまでの時間は5.25 × 60 ＝ 315（分）なので，早く着くのは1組とわかる。

350 － 315 ＝ 35（分）

答え

2　午後2時46分

解説

2　まず愛さんの歩く速さを求めると，1.5 × 1000 ÷ 25 ＝ 60（m／分）となる。家から神社まで行くのにかかる時間は，840 ÷ 60 ＝ 14（分）なので，待ち合わせの14分前に家を出れば間に合うことになる。午後3時の14分前は2時46分である。

答え

3　問1　183人　　問2　122人　　問3　68人

解説

3　問1　はじめにA地点を出発した3人は，600 ÷ 60 ＝ 10（分）かけてB地点まで行く。最初にB地点にリフト座席がとう着するのは，運転開始時刻の10分後の8時10分とわかる。リフトは10m間かくで来るので，道のりを10m，速さをリフトの速さとして，リフトが来る間かくを求める。

1基目がとう着してからは10 ÷ 60 × 60 ＝ 10（秒）に1基，とう着することになる。8時10分から8時20分までは（20 － 10） × 60 ＝ 600（秒）あるので，さらに600 ÷ 10 ＝ 60（基）とう着する。

求める最大のとう着人数は，とう着したリフト座席すべてに3人ずつ乗っている場合なので，3 ×（60 ＋ 1） ＝ 183（人）となる。

問2 C地点からD地点までかかる時間は，600÷40＝15(分)である。3号リフト機の運転開始時刻である8時50分にE地点にとう着する人は，15＋5＝20(分)前の8時30分にC地点を出発したことになる。**問1**より，8時にA地点を出発した3人がC地点にとう着するのは10＋5＝15(分)後の8時15分なので，2号リフト機の運転開始時刻から2人ずつE地点へ向かったことがわかる。

2号リフト機の運転開始時刻である8時15分から8時30分までにリフトに乗った最大人数を考える。

1基目が出発してからは10÷40×60＝15(秒)に1基出発する。

8時15分から8時30分までの15分間は15×60＝900(秒)あるので，さらに900÷15＝60(基)とう着する。

求める最大のとう着人数は，とう着したリフト座席すべてに2人ずつ乗っている場合なので，2×(60＋1)＝122(人)となる。

問3 はじめに3号リフト機に乗った4人は，1200÷80＝15(分)かけてE地点からF地点まで進む。9時7分までにF地点にとう着できるのは，15分前の8時52分までにE地点を出発したリフト座席である。

1基目が出発してからは10÷80×60＝7.5(秒)に1基，出発する。8時50分からの2分間は2×60＝120(秒)あるので，さらに120÷7.5＝16(基)とう着する。

求める最大のとう着人数は，とう着したリフト座席すべてに4人ずつ乗っている場合なので，4×(16＋1)＝68(人)となる。

6 立体図形

●やってみようの 答え　問題は 1-1 101・2-1 105ページ

1-1
❶ ❷ 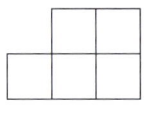 ❸

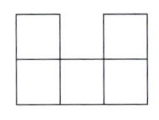

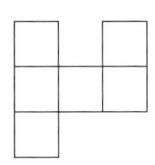

2-1

5	4	3	4	1	5
3	3	3	3	1	3
2	2	2	2	1	2
1	1	1	1	1	1
5	4	3	4	1	

$1×8+2×4+3×5+4×2+5×1=44$(個)

●チャレンジ　適性検査を体験しよう　問題は106ページ

答え

1　129個

解説

1　1個……1段目と9段目
　　$1×1+2×2=5$(個)……2段目と8段目
　　$2×2+3×3=13$(個)……3段目と7段目
　　$3×3+4×4=25$(個)……4段目と6段目
　　$4×4+5×5=41$(個)……5段目
　　$(1+5+13+25)×2+41=129$(個)

答え

2　問1　13個　問2　ア5　イ3　ウ1

22

6回 立体図形 答えと解説

解説

2 問1 真上から見た図に数字を書きこんでいくと，右図のようになる。

$1 \times 5 + 2 \times 4 = 13$(個)

1	1	1	1
2	2	1	2
2	2	1	2

  2　2　1

問2 真上から見た図に数字を書きこんでいくと，右図のようになる。

つまり，2段目に1個，1段目に9個となり，下の図のように2段目と1段目に分けて，それぞれ青くぬられている面の数を図の中に書きこんでいく。

2	1	1	1
1	1	1	1
1	1	1	1

  2　1　1

3つの面が青いのは5個……ア
4つの面が青いのは3個……イ
5つの面が青いのは1個……ウ

2段目: [5]

1段目:
3	3	4
3	2	3
4	3	4

答え

3 問1　上から見た図　　正面から見た図　　右から見た図

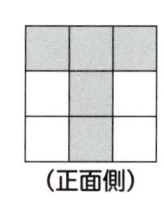

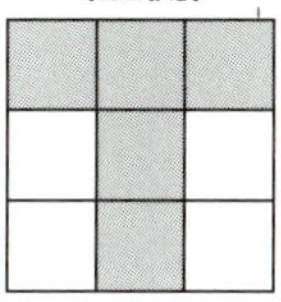

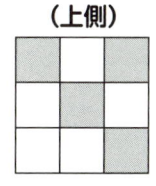

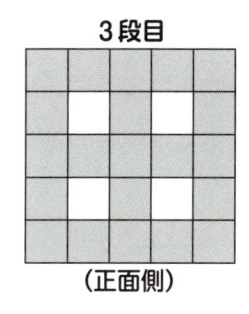

問2　9個

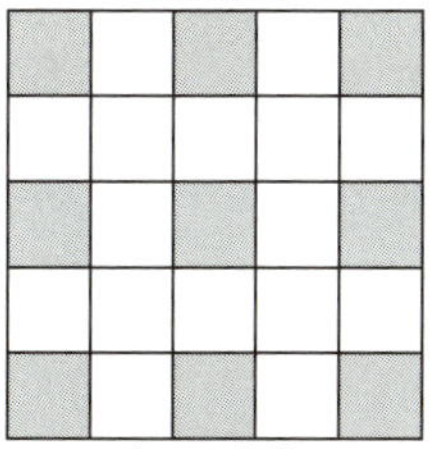

問3　2段目　　3段目　　4段目

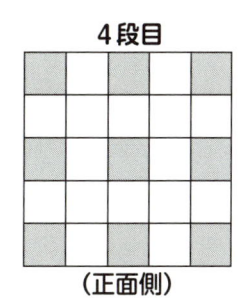

問4 (1) 8個

(2)

上段	中段	下段

（正面側）　（正面側）　（正面側）

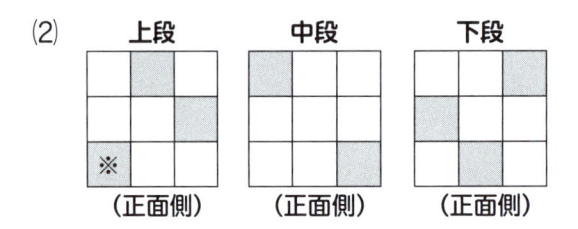

解説

3 問1　上段，中段，下段の順番に見えるものを確認し，図に書きこんでいく。ただし，同じ位置に見えることもあるがその場合は手前が優先となる。

上から見た図

上	下	上
	中	
	上	

（正面側）

正面から見た図（上側）

上	上	上
	中	
	下	

右から見た図（上側）

上		上
	中	
		下

問2　どの列も重ならないように配置し，右図のように作ると9個となる。

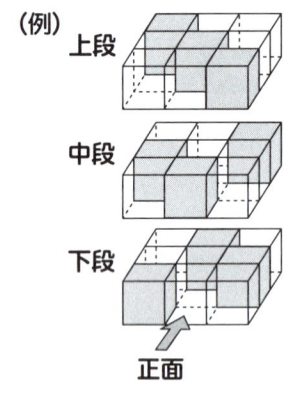

（例）上段／中段／下段／正面

問3　まず，『田』も『口』も線対称の形であるので，1段目と5段目は同じようになり，2段目と4段目も同じようになる。

1段目と5段目。正面と右から見て5個あるように見え，上から見て『田』のように見えるためには，田の形に配置すればよい。

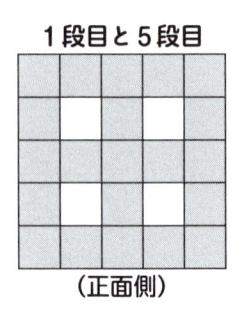

1段目と5段目

（正面側）

6回 立体図形 答えと解説

次に，2段目と4段目。正面と右から見たときに，一番左，真ん中，一番右の3個となるので，黒くなってはいけない列を消して考える。

これは，正面から見ても条件に合う。

最後に3段目は，正面と右から見て5個あるように見え，上から見て『田』のように見えるためには，実は1段目と5段目と同じ配置となる。

よって，2段目，3段目，4段目の配置は以下の通りとなる。

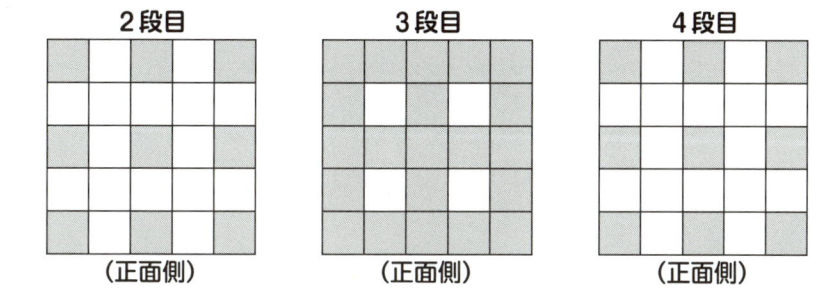

2段目と4段目
（正面側）

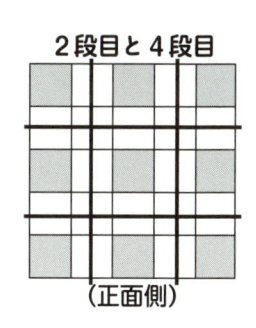

2段目　**3段目**　**4段目**
（正面側）　（正面側）　（正面側）

問4 (1) 『口』のように見えて，最も少ない個数にするためには，重ならないようにしながら3個見える列には3個，2個見える列には2個置けばよい。

3＋2＋3＝8（個）……最も少ない場合の黒の個数

(2) 『口』のように見えるためには，上段に3個，中段に2個，下段に3個配置する。ただし，図の上段※の場所を固定すると，右図のようになり，左側の列と右側の列が対称的な位置関係とわかる。

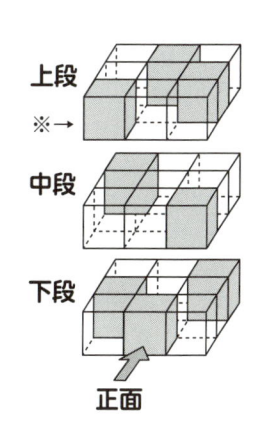

上段
※→
中段
下段
正面

解答の表し方にしたがって示すと下図のようになる。

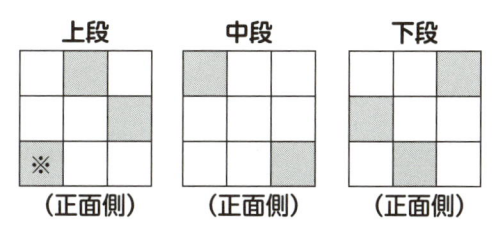

上段　中段　下段
（正面側）（正面側）（正面側）

25

7 場合の数

●やってみようの 答え　問題は 1-1 115・1-2 118・2-1 121・2-2 123ページ

1-1　❶3　❷3　❸2　❹3　❺1　❻2　❼1　❽6　❾3　❿2　⓫12　⓬12

1-2　式や考え方　樹形図をかくとよい。

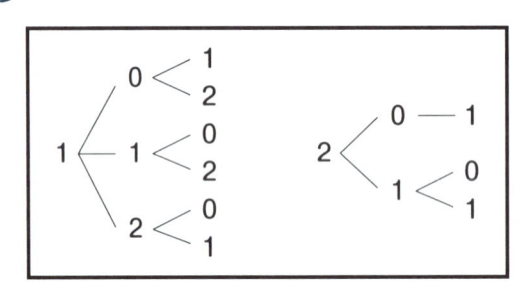

```
      0 < 1
          2
  1 < 1 < 0           0 — 1
          2       2 <
      2 < 0           1 < 0
          1               1
```

101, 102, 110, 112, 120, 121, 201, 210, 211

答え　9通り

2-1　❶4　❷3　❸2　❹1　❺10　❻10

2-2　式や考え方　図書係2人の選び方は，6＋5＋4＋3＋2＋1＝21（通り）。

残りの5人から，そうじ当番3人の選び方を考える。

残る5人から，そうじ当番3人を選ぶ選び方は，4＋3＋2＋1＝10（通り）。

そうじ当番3人と図書係2人の選び方は，21×10＝210（通り）。

答え　210通り

●チャレンジ　適性検査を体験しよう　問題は124ページ

答え

1　問1　（式）4＋3＋2＋1＝10（通り）　（答え）10通り

　　問2　（式や考え方）120÷（80－50）＝4（枚）……80円切手が4枚多い

7回 場合の数 答えと解説

$$710 - 80 \times 4 = 390(円) \cdots\cdots 50円切手と80円切手の同じ枚数$$
$$での合計金額$$

$$390 \div (50 + 80) = 3(枚)$$

$$3 + 4 = 7(枚)$$

(答え)50円切手3枚, 80円切手7枚

解説

1 問1

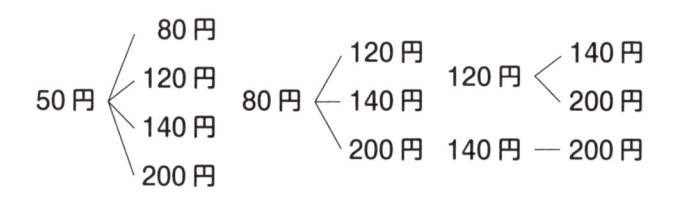

```
        80円
        120円
50円 <   140円       120円         140円
        200円   80円<140円    120円<200円
                    200円    140円 — 200円
```

樹形図を使う。

以上，4＋3＋2＋1＝10（通り）。

問2　以下の表に書いて調べる。

50円切手	14枚	13枚	12枚	11枚
80円切手	0枚	0枚	1枚	2枚
合計金額	700円	650円	680円	710円

表を使って調べるか，線分図または略図を使って考える。

表より，はじめに買おうとした枚数は，50円が11枚，80円が2枚とわかる。枚数を反対にすると，$50 \times 2 + 80 \times 11 = 980$（円）。980円－710円＝270（円）となり，120円より差が大きくなるので条件に合わない。

50円切手	1枚	3枚
80円切手	8枚	7枚
合計金額	690円	710円

さらに調べると，50円が3枚，80円切手が7枚の合計が710円になる。この枚数を反対にすると，$50 \times 7 + 80 \times 3 = 590$（円）。

710－590＝120（円）となり，条件に合っている。

よって，50円切手3枚，80円切手7枚。

式を使うと，次のようになる。

右の線分図は枚数を表す。

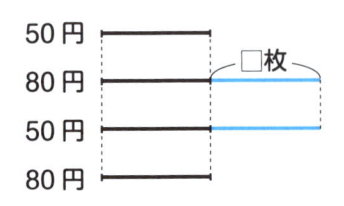

710 − 590 ＝ 120(円)

(80 − 50) × □ ＝ 120(円)

□ ＝ 120 ÷ 30 ＝ 4(枚)

710 − 80 × 4 ＝ 390(円)……50円切手と80円切手の同じ枚数での合計金額

390 ÷ (50 ＋ 80) ＝ 3(枚)……はじめに買おうとした50円切手の枚数

3 ＋ 4 ＝ 7(枚)……はじめに買おうとした80円切手の枚数

答え

2 問1 (式や考え方)3枚とも異なる数字の場合……4 × 3 × 2 ＝ 24(通り)

2枚が同じで1枚が異なる場合……(1, 1, 2), (1, 1, 3), (1, 1, 4), (2, 2, 1), (2, 2, 3), (2, 2, 4), (3, 3, 1), (3, 3, 2), (3, 3, 4), (4, 4, 1), (4, 4, 2), (4, 4, 3)の12種類のそれぞれに3通りずつできる。3 × 12 ＝ 36(通り)。よって、24 ＋ 36 ＝ 60(通り)。

(答え)60通り

問2 (式や考え方)奇数のカード1と3が2枚ずつ、偶数のカード2と4が2枚ずつあるので、条件は同じことから、60通りの半分が偶数と考えられる。

(答え)30通り

解説

2 問1 3枚とも異なる数字の場合……1, 2, 3, 4の4個の数字から、3個を並べてできる3けたの整数を求める。百の位で4通り、十の位で3通り、一の位で2通りできる。よって、4 × 3 × 2 ＝ 24(通り)。

いきなり樹形図をかかずに、3枚とも異なる数字の場合、2枚が同じで1枚が異なる場合に場合分けするとよい。

2枚が同じで1枚が異なる場合……(1，1，2)〜(4，4，3)の12種類のそれぞれは，(1，1，2)→112，121，211と同じく，3通りずつできるので，3×12＝36(通り)できる。

よって，24＋36＝60(通り)。

問2 1，2，3，4のカードがそれぞれ2枚ずつあることから，3枚を並べて3けたの整数を作ると，偶数と奇数は同じ個数になる。よって，偶数は60÷2＝30(通り)できる。

実際に調べると次のようになる。

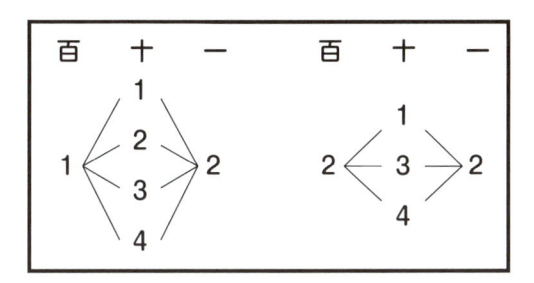

```
  百  十  一         百  十  一
         1                  1
      ／ 2 ＼              ／ 2 ＼
  1 ＜ 3   ＞2       2 ＜ 3   ＞2
      ＼ 4              ＼ 4
```

上の樹形図から，百の位が2，一の位が2の場合は3通りとわかる。また，百の位が1，一の位が2の場合は4通り。よって，百の位が3，一の位が2の場合，百の位が4，一の位が2の場合もそれぞれ，4通りできる。したがって，一の位が2の場合は4×3＋3＝15(通り)。同様に，一の位が4の場合も15通りできる。全部で15×2＝30(通り)。

答え

3 問1 (式や考え方)①室にA〜Eの5人のうち1人がとまる場合……5通り。

①室にA〜Eの5人のうち2人がとまる場合……4＋3＋2＋1＝10(通り)。

①室にA〜Eの5人のうち3人がとまる場合……とまらない2人の選び方で10通り。

全部で5＋10×2＝25(通り)。

(答え)25通り

問2 (式や考え方)①室にABが入る場合……もう1人はC，D，E，そして，なしの4通り。

②室にABが入る場合……ABのほかに②室に入るのは，CD，CE，DE，C，D，E，なしの7通り。

4＋7＝11（通り）。

(答え)11通り

解説

3 問1 ①室には3人まで，②室には4人までとまることができるので，人数の少ない①室のとまり方を場合分けして調べればよい。

問2 AとBは①室か②室で同室になる。よって，①室にABが入る場合と②室にABが入る場合とで，場合分けして調べる。

①室にABが入る場合……もう1人はC，D，Eの3通り。
　　　　　　　　　　なしの1通り。
　　　　　　　　　　3＋1＝4（通り）。

②室にABが入る場合……もう2人はCD，CE，DEの3通り。
　　　　　　　　　　もう1人はC，D，Eの3通り。
　　　　　　　　　　なしの1通り。
　　　　　　　　　　3×2＋1＝7（通り）。

よって，4＋7＝11（通り）。

【別解】

C，D，Eに①室か②室のどちらか2通りを順にわり当ててから，AとBが①か②のどちらかで同室にする。

C	D	E	AとB
①	①	①	→ ②
①	①	②	→ ②
①	②	①	→ ②
②	①	①	→ ②
②	②	①	→ ②か①
②	①	②	→ ②か①
①	②	②	→ ②か①
②	②	②	→ ①

以上より，4＋2×3＋1＝11（通り）。

答え

4 問1　(式) 5×5×4＝100(通り)　　　(答え)100通り

問2　(式や考え方)えんぴつ3本の選び方は10通り。クレヨン1本の選び方は5通り。ボールペン2本の選び方は6(通り)。10×5×6＝300(通り)。

(答え)300通り

問3　(式や考え方)赤赤青黄の4本を

(えんぴつ2本，クレヨン1本，ボールペン1本)，

(えんぴつ1本，クレヨン2本，ボールペン1本)，

(えんぴつ1本，クレヨン1本，ボールペン2本)

の3通りのそれぞれについて場合分けする。

えんぴつ2本の場合→4通り，クレヨン2本の場合→4通り，ボールペン2本の場合→2通り。4×2＋2＝10(通り)。

(答え)10通り

解説

4 問1　えんぴつとクレヨンは，同じ5色の中からそれぞれ1色を選ぶので5通りずつある。

ボールペンは，4色の中から1色を選ぶので4通りある。

よって，樹形図の考え方を使って，

5×5×4＝100(通り)。

問2　えんぴつ3本の選び方は，残りの2本の選び方と同じなので，

4＋3＋2＋1＝10(通り)。

クレヨン1本の選び方は5通り。

ボールペン2本の選び方は3＋2＋1＝6(通り)。

よって，樹形図の考え方を使って，

10×5×6＝300(通り)。

問3 ボールペンだけは黄がないことに注意する。

> 樹形図をかき，場合分けして調べる。

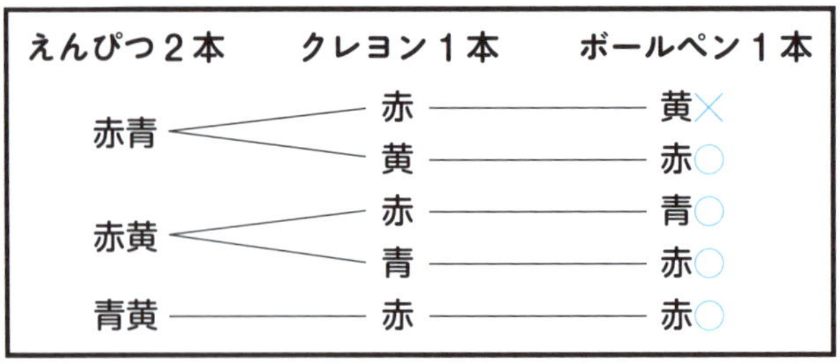

```
えんぴつ2本    クレヨン1本    ボールペン1本
赤青 ─┬─ 赤 ────── 黄 ×
     └─ 黄 ────── 赤 ○
赤黄 ─┬─ 赤 ────── 青 ○
     └─ 青 ────── 赤 ○
青黄 ─── 赤 ────── 赤 ○
```

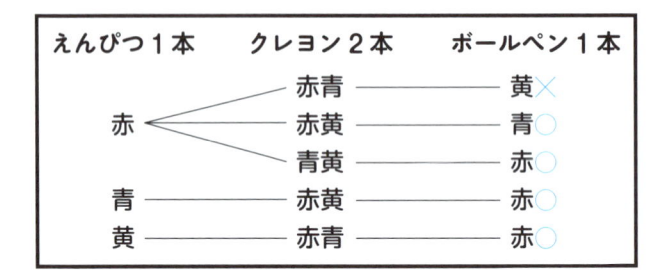

```
えんぴつ1本    クレヨン2本    ボールペン1本
赤 ─┬─ 赤青 ───── 黄 ×
    ├─ 赤黄 ───── 青 ○
    └─ 青黄 ───── 赤 ○
青 ─── 赤黄 ───── 赤 ○
黄 ─── 赤青 ───── 赤 ○
```

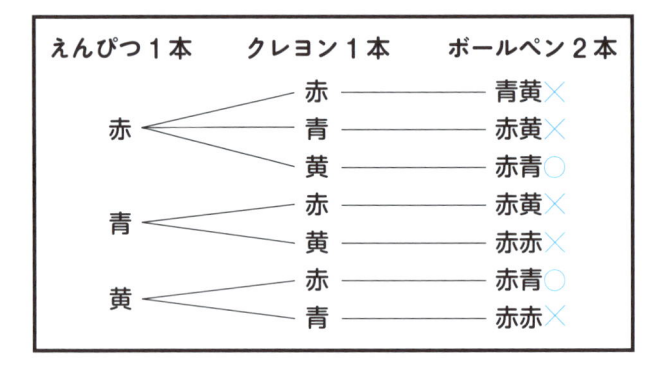

```
えんぴつ1本    クレヨン1本    ボールペン2本
赤 ─┬─ 赤 ────── 青黄 ×
    ├─ 青 ────── 赤黄 ×
    └─ 黄 ────── 赤青 ○
青 ─┬─ 赤 ────── 赤黄 ×
    └─ 黄 ────── 赤赤 ×
黄 ─┬─ 赤 ────── 赤青 ○
    └─ 青 ────── 赤赤 ×
```

上の樹形図より，4×2＋2＝10（通り）。